图说桑蚕病虫害防治

主　编

华德公　胡必利

副主编

阮怀军　夏志松
赵春宏　王恩惠

编著者

于振诚　陈伟国　贡成良　白景彰
陶静霞　周顺心　周　勤　谈廷桂
刘振宇　蔡国均　刘凤臣　徐津红
张碧霞　孙绪艮　张会香　陈端豪
陈长乐　徐锦松　李玉厚　郭　光
张西远　张　杰　董廷宣　李宜福

顾　问

蒯元璋

金盾出版社

内 容 提 要

本书由我国桑蚕主产省的科研教育和技术推广专家编撰。书中以简明文字和照片相配合,直观形象地再现了近年我国各蚕区常见的 100 种桑、蚕病虫害的典型特征,述明了每种病虫害的发生规律和新的防治方法,是一本既特色鲜明又操作性强的桑、蚕病虫害防治技术指南。适合广大蚕农、蚕桑技术人员、专业院校师生及农药营销人员阅读。

图书在版编目(CIP)数据

图说桑蚕病虫害防治/华德公,胡必利主编.—北京:金盾出版社,2006.6
ISBN 978-7-5082-4031-2

Ⅰ.图… Ⅱ.①华…②胡… Ⅲ.①桑树-病虫害防治方法②蚕-病虫害防治方法 Ⅳ.①S888.7②S884

中国版本图书馆 CIP 数据核字(2006)第 029648 号

金盾出版社出版、总发行
北京太平路 5 号(地铁万寿路站往南)
邮政编码:100036 电话:68214039 83219215
传真:68276683 网址:www.jdcbs.cn
封面印刷:北京百花彩印有限公司
正文印刷:北京精美彩色印刷有限公司
装订:北京东杨庄装订厂
各地新华书店经销
开本:850×1168 1/32 印张:3.875 字数:46 千字
2008 年 9 月第 1 版第 4 次印刷
印数:20001—28000 册 定价:17.00 元
(凡购买金盾出版社的图书,如有缺页、
倒页、脱页者,本社发行部负责调换)

前　言

　　栽桑养蚕是我国的传统产业，我国蚕茧产量和生丝出口量都占世界总量的70%以上。近年在建设社会主义新农村中，桑蚕作为农民脱贫致富的优势项目之一，正在获得新的发展。然而，桑树病虫害一直影响着桑园经济效益的提高，蚕病的发生拖了蚕茧产量和质量提高的后腿，"早得脓病涝出僵"的现象基本没有改变。在江苏、浙江、四川、山东、安徽、陕西等老蚕区，由于气候的变化（冬、春暖与夏、秋干旱），以及病虫防治受"治早、治小、治了"这一朴素的防治原则的影响，防治过程中盲目用药和随意提高药物浓度，天敌被大量杀死，病虫抗药性增强，结果使：1.桑树病虫暴发频率增强；2.新的桑树病虫种类层出不穷；3.桑树病虫的发生期向两头即春、冬延伸。在广西、云南等新蚕区，病虫同样成灾，急需普及病虫识别和防治知识。本书就是针对以上需要而编摄的。

　　要控制病虫，首先要识别所发生的病虫种类，进而采取防重于治和综合防治的方针。本书以彩色照片为主，使读者一看就能迅速识别病虫种类，在此基础上又介绍实用和可操作的方法，包括选用新的农药加以防治。

　　我国蚕区遍布东西南北，病虫种类繁多，本书编入各主要蚕区近年分布较普遍、危害较重的桑病30种，桑虫53种（类），蚕病17种，是目前我国桑蚕产业中最完整的病虫害防治图说。

　　本书是靠"众人拾柴"完成的，它是几十位作者及一大批桑保和蚕病专家集体劳动的成果。日本株式会社学习研究社提供了少量但很好的照片，采用了本人1996年主编的《蚕桑病虫害原色图谱》一书中的部分照片，也采用了吕佩珂先生等编摄的《中国粮食作物经济作物药用植物病虫原色图鉴》等书的少量照片。本人任职单位山东省蚕业研究所、挂职单位山东省高密市人民政府以及高密市丝绸有限公司、高密市康成桑蚕科技有限公司自始至终给予了支持，在此一并表示衷心感谢。

由于受编摄者水平所限，书中不当甚至错误之处在所难免，敬请读者不吝指正。也期盼众多同仁提供新的照片，以便再版时补充或推陈出新。

华德公

2006 年 3 月于山东省蚕业研究所

现通信地址：山东省高密市人民政府

邮编：261500

电话：13506474958

目　　录

桑 树 病 害

1.桑黄化型萎缩病

全国各蚕区普遍发生，是桑园的危险性病害。

【症状】 发病初期，一般是少数枝条的顶端叶片表现瘦小、黄化，并稍向叶背卷缩。病情发展后，多数枝条乃至全株枝条表现上述症状，且病叶更加瘦小、黄化，明显向叶背卷缩，节间变短，腋芽萌发，生长出较多的细小侧枝。该病末期叶片更加黄小、卷缩，细枝丛生成簇，如扫帚状。上述症状在桑树夏伐后高温季节表现更为明显。重病株夏伐后不能发芽而枯死，或只能长出几根极细短枝簇生于拳上，不久即枯死。

发病初期症状

【病原及发病规律】 病原为植原体（Phytoplasma），曾名类菌原体（Mycoplasma like organism MLO）。春季气温低时症状不明显，5～8 月份病树明显增多，当年新显现症状的病树都是桑树夏伐后高温季节出现。桑树夏伐过迟，夏、秋采叶过度，发病率

中期症状

1

高。桑园中出现少量病树时不能及时刨除的，病树会年年增多，以致暴发成灾。病原介体昆虫拟菱纹叶蝉和凹缘菱纹叶蝉多的桑园该病发生重。不同的桑品种抗病力不同，育2号抗病力最强，湖桑7号次之。

【防治方法】 ①严格检疫，严禁从病区购买苗木和接穗。②及时挖除病株。③加强桑园管理，合理采叶。④及时消灭病原介体昆虫。⑤栽植抗病桑品种。⑥病树截干钻孔灌注"桑萎灵"。

后期症状

2.桑萎缩型萎缩病

江苏、浙江、安徽、四川、广西、广东等蚕区均有发生。

【症　状】 发病初期叶片稍缩小，色黄，叶面略皱，节间变短。发病中期叶片更加变小，枝条中上部腋芽早发，长出许多侧枝，秋叶早落，春芽早发，无花葚。发病后期枝条生长更差，病叶继续变小，细根腐烂。最后整株死亡。

【病原及发病规律】 病原为植原体（Phytoplasma），曾名类菌原体（Mycoplasma like organism MLO）。发病受温度影响，在30℃左右时症状表

病　株

2

现急剧，春季发生轻，6～9月间发病重，尤以7～8月份最重。桑园肥水等管理、合理采叶与发病的关系同桑黄化型萎缩病。湖桑7号、湖桑32号、桐乡青等品种较抗病。

【防治方法】 ①严格检疫、治虫防病、加强桑园管理及挖除病株等措施同桑黄化型萎缩病。②选栽抗病桑品种。③发病桑园每隔2年春伐1次，有较好的康复效果。

田间危害状

3.桑花叶型萎缩病

该病在江苏、浙江、安徽、四川、广西、上海、重庆等蚕区都有发生。

【症状】 发病先由少数枝条开始，逐渐蔓延至全株。发病初期叶片侧脉间出现淡绿色的斑块，后逐渐扩大相互连接成黄绿色的大斑块。病重时叶片皱缩，叶缘向上卷曲，叶背的叶脉上有小瘤状或棘状突起，细脉变褐，有的叶片半边无缺刻。严重时病叶缩小，叶片叶脉变褐，瘤状和棘状突起明显，枝条细短，腋芽早发，生有侧枝，病树极易遭受冻害。

春季症状

【病原及发病规律】 病原为类病毒（MMDVd）。病原物可经嫁接传染，对低温不敏感，高温有隐症现象，即在22℃～28℃的春季、初夏和晚秋病害症状表现较多，气温升至30℃以上时症状消失，因此，枝条上的病叶表现有间歇现象。睦州青、湖桑7号、湖桑32号较抗病。桐乡青、农桑8号易感病。多湿地区、地下水位高的田块发病较多、较重。

【防治方法】 ①苗木检疫。②挖除病株。③发病严重地区选栽抗病品种。④在春季或夏伐后桑芽萌发刚显现症状时，用100毫克/千克硫脲嘧啶对病树喷雾治疗，10天后再喷1次。⑤加强桑园管理，增施有机肥，注意排水。

叶脉上有瘤状或棘状突起

4.桑环斑病

该病曾称桑花叶病，广西、广东、云南、浙江、江苏、四川等蚕区发生较重。

【症 状】 病树桑叶呈现大小不规则淡绿色或黄绿色环斑，构成花叶状。桑树夏伐后出现鳍叶或皱褶叶。

【病原及发病规律】 病原为桑环斑病毒（Mulberry ringspot virus），简称MRSV。病毒在树体中越冬，通过嫁接、苗木调运及土壤内寄生桑树的马丁矛线虫介体传播。在广西、广东每年3月初病害出现，4～5月是发病高峰期，温度再升高症状消失。桑树品种间，沙二×伦109较易感染，伦教40号较抗病。冬根刈桑园发病重，冬伐留枝干40～60厘米的桑树发病较轻。

【防治方法】 ①发病严重的桑园采用冬伐留枝干40～60厘米，躲过病害发生的高峰期。②桑树无性繁殖时，严选无病砧木和接穗。③重病区选栽抗病桑品种。④马丁矛线虫的防治方法见桑根结线虫。

环斑症状

皱褶症状

5.桑丝叶病

全国各蚕区均有少量发生。

【症 状】 病桑春季发芽偏迟，病叶出现耳状突起，叶缘呈深锯齿状，且逐渐加深，形成鸡爪状叶，严重者叶肉基本消失，仅剩主脉，有些病叶的叶脉融合在一起使病叶呈丝状。

【病原及发病规律】 病原为桑潜隐病毒（Mulberry latent virus），简称MLV。该病可通过嫁接和汁液传染，发病程度与桑品种和抗病力有关，气温高于30℃、低于15℃时出现隐症现象。

5

【防治方法】 ①挖除病株。②栽植抗病品种。广东桑分布地区栽植伦教40号和抗青10号。③广东桑分布地区桑园收获改用冬刈春打顶，全年留枝40~60厘米。

症 状

6.桑青枯病

该病广东、广西多发，浙江、江苏近年渐多，山西、陕西、山东及东北地区有少量发生。

【症 状】 本病是维管束病害，妨碍水分运输。幼桑病株一般全株叶片同时出现失水、萎凋，但叶片仍保持绿色，呈青枯状；成龄桑往往嫩梢或枝条中上部叶的叶尖、叶缘先失水，变褐干枯，逐渐扩展到全株，死亡速度较慢。桑根的皮层发病初期外观正常，但木质部出现褐色条纹，随病势发展褐色条纹向上延伸至茎、枝，严重时整个根的木质部变褐、变黑，久后腐烂脱落。

【病原及发病规律】 病原为青枯假单胞杆菌（*Pseudomonas solanacearum* Dowson.）。病原细菌可在树体内以及病部残体和混有病株残体的肥料里越冬，翌年春暖开始侵染桑树。病菌传播途径

病株青枯状

主要有带病苗木的种植、嫁接，以及土壤、流水、采桑工具的传播。该病通常在7~9月危害严重。幼龄桑发病较老桑重。在广东高温季节不摘顶降枝可减少发病。地势低洼、排水不良的桑园发病重。

【防治方法】 ①加强检疫，严禁带病苗木进入无病区。②栽植抗青10号等桑品种。③田间发现病株及时刨除，对病穴及周围土壤用1∶100的福尔马林液消毒。④栽桑时用青枯病拮抗菌MA-7等浸根，也可在发病初期喷洒或灌注72%农用硫酸链霉素可溶性粉剂4 000倍液或50%琥胶肥酸铜可湿性粉剂500倍液，隔7~10天1次，连续防治2~3次。⑤实行轮作，病重田块改种禾本科作物4~5年。

主干与主根木
质部变褐色

根木质部变褐色

7.桑疫病

该病在全国各蚕区普遍发生，是危害较严重的病害之一。

【症 状】 本病有黑枯、缩叶、断柄、枝裂和叶斑等症状类型，以黑枯型对生产为害最大，其次为缩叶型。

黑枯症：病菌侵入、蔓延到枝条维管束进而扩展到新梢后，新梢及嫩叶黑枯腐死，呈"烂头"状。在嫩梢下端枝条上形成粗细不等的棕褐色线状病斑。

缩叶症：病菌从叶柄、叶脉处侵入，叶片常从一侧开始发病，沿叶脉扩展，半片叶向反面卷曲、皱缩、变褐，使整片叶成"瓢"状。

断柄症：4月上旬到5月上旬发病，表现为嫩叶叶柄中间部位的下方缢缩发黑，随后桑叶枯萎下垂，并在叶柄缢缩处断裂脱落。

枝裂症：在枝条上产生梭形病斑和裂口。

叶斑症：病斑近圆形，直径1～5毫米，初期水渍状，后逐渐变褐，周围有绿色晕圈。

黑枯症

黑枯症下端枝条上出现线状病斑

缩叶症（夏秋）

【病原及发病规律】 病原为丁香假单胞杆菌桑树致病种（*Pseudomonas syringae* pv. mori）。病原细菌主要在罹病枝条及土中越冬，翌年春暖后增殖、蔓延，年中形成春期及夏秋两个发病高峰。本病在温高、雨多、风大的情况下发病严重。偏施氮肥造成桑树组织嫩弱也是诱发原因之一。湖桑 7 号、桐乡青等品种易感染，育 2 号、湖桑 199 号、农桑系列等抗病力强。

【防治方法】 ①选栽抗病品种。②清除病源。冬季剪除病梢，发病季节及时剪除病芽、病枝。③春季和夏伐后桑树发芽前后及生长季节喷施DT（30%琥胶肥酸铜悬浮剂）混合杀菌剂 500 毫克／千克，隔 2 天再喷 1 次，有很好的预防效果；生长季节，桑树发病初期用土霉素 300～500 毫克／千克或链霉素 100 毫克／千克或 1.5%土霉素与 15%链霉素复合剂的 500 倍液喷洒嫩梢、嫩叶，隔 7～10 天喷 1 次，连喷 3～4 次，可控制病情扩展。

断柄症

枝裂症

9

8. 桑赤锈病

该病又名金桑、黄疸，全国各蚕区均有发生。

【症　状】　叶片发病，正反面散生圆形小点，逐渐隆起成青泡状，颜色转黄，最后表皮破裂散出橙黄色粉末状的锈孢子。新梢、叶脉、叶柄发病，病斑顺着维管束作纵向发展，患处肥肿弯曲，表皮破裂后也布满橙黄色粉末。枝梢上的病斑呈褐色，椭圆形，稍凹陷。

【病原及发病规律】　病原为桑锈孢锈菌 [Aecidium mori（Barclar）Diet.]。病原真菌分为北方干旱型和南方普通型两个生理小种。病原菌以菌丝束在冬芽组织及枝条上越冬，在广东、广西锈子器和锈孢子能够越冬。翌年春近叶痕、芽鳞病斑上的菌丝侵入桑芽形成锈孢子，成

病芽（南方普通型生理小种）

为当年的初次侵染源，以后不断传播形成再次侵染。锈孢子形成温限5℃～25℃，最适温度13℃～18℃，最适空气相对湿度高于90%。气温高于30℃时，病害扩散缓慢或停滞。在广东、广西5～6月份和9～10月份为发病高峰期，长江流域4～6月份发病严重，黄河流域在雨季发病特别严重。不同桑品种间抵抗力差异很大，北方干旱型生理小种多寄生鸡冠鲁桑、育2号和新一之

新梢受害状（北方干旱型生理小种）

濑，不能寄生湖桑32号。某些桑叶收获方法使桑园中绿叶长存，给病原侵染留有过渡存续的机会，易造成病害扩大蔓延。

【防治方法】 ①及时剥除初次侵染的"黄泡"期病芽。②发病初期病叶上"泡泡纱"状病斑未转黄色前喷洒25%三唑酮（粉锈宁）可湿性粉剂1000倍液，重点喷洒桑芽，隔20天1次，喷2～3次。该药对蚕无毒，不影响采叶养蚕。

病叶初期"泡泡纱"症状

锈孢子突破桑叶
表皮散生状

9.桑褐斑病

该病分布于全国各蚕区，浙江、四川、云南等省较严重。

【症状】 发病初期在叶面形成褐色、水渍状、芝麻粒大小的斑点，后逐渐扩大成近圆形或因受叶脉限制成多角形病斑。病斑轮廓明显，边缘为暗褐色，内部淡褐色，其上环生白色或微红色的粉质块状的分生孢子，分生孢子经雨水冲落后露出黑褐色小疹状的分生孢子盘。

【病原及发病规律】 病原为桑粘隔孢(*Septogloeum mori* Briosi

11

et Cavara.）。病原真菌以厚垣孢子和落地未腐烂的病叶上的分生孢子盘越冬，也可以菌丝体在病梢上越冬。翌年春暖时产生新的分生孢子，传播到嫩叶上引起初次侵染和多次侵染。低温、多湿利于病菌繁殖，因此多雨年份及地势低洼、排水不良、靠近河池等多湿环境的桑园发病较重。

【防治方法】　①晚秋桑树落叶后清除病叶，剪除病梢。②低、湿桑园开沟排水；增施有机肥，提高抗病力。③发现20%～30%叶片上有2～3个芝麻粒大小斑点时，立即喷洒50%多菌灵可湿性粉剂1 000～1 500倍液，或50%甲基托布津可湿性粉剂1500倍液，相隔10～15天再喷1次，该药不影响采叶养蚕。

病　叶

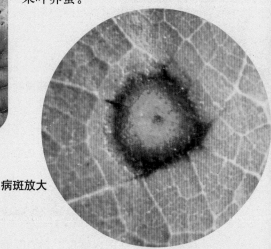

病斑放大

10.桑卷叶枯病

该病分布在江苏、浙江、安徽、山东、广西、江西、云南、湖北等省、自治区。

【症　状】　枝条先端4～5片嫩叶发生较多。春季发病时桑叶边缘出现深褐色水浸状连片病斑，严重时全叶发黑，整个新梢只留嫩芽。夏、秋发病时叶片的叶尖和附近叶缘变褐，继续扩大使叶片的前半部呈黄褐色大病斑，下部叶片的叶缘及叶脉间发生梭形大病斑。病、健组织界限明显，叶缘向上卷起。

【病原及发病规律】 病原为桑单胞枝霉(*Hormodendrum mori* Yendo)。病原真菌随病叶遗留地面越冬，翌年春暖后产生分生孢子，随风雨传播而不断蔓延发病。阴雨天易引起本病流行。育2号、新一之濑极少感病。

【防治方法】 ①晚秋落叶后清洁桑园。②生长季节及时摘除病叶。③发病初期喷布50%甲基托布津可湿性粉剂或50%多菌灵可湿性粉剂1000～1500倍液。

春季发病

夏秋发病

11.桑里白粉病

该病秋季在全国各蚕区均有分布。

【症 状】 多发生在较老桑叶的背面。开始时出现分散的白色和浅灰色斑，逐渐扩大，甚至连接成片。霉斑表面呈灰白色粉状。后期在白色霉斑上出现黄色小粒状物（闭囊壳），当小粒状物由黄转橙红再变褐，最后呈黑色时，白色粉霉消失。

【病原及发病规律】 病原为桑生球针壳菌［*Phyllactinia moricola*（P.Henn.）Homma］。病原真菌以闭囊壳粘附在桑树枝条上越冬，翌年条件适宜时喷散出子囊孢子落到桑叶上，开始初次侵染和再次侵染。此病发病的最适温度是22℃～24℃。桑叶硬化早的品种易发病。通风透光差，或缺钾的桑地发病较重。

【防治方法】 ①采叶要自下而上，防止桑叶老化。②加强肥水管理，推迟桑叶硬化。③发病初期叶背喷洒1%～2%硫酸钾或5%多硫化钡，或喷50%多菌灵可湿性粉剂800倍液。采叶期喷70%甲基托布津1500倍液，隔7～10天再喷1次。冬季喷2～4波美度石硫合剂或90%五氯酚钠100倍液。

病叶上的白色霉斑

后期病斑上
的闭囊壳

14

12. 桑污叶病

该病是中晚秋桑树叶部病害，全国均有分布。

【症状】 发生在较老桑叶的背面。开始时叶背发生煤粉状圆形小病斑，随病势发展病斑扩大，颜色越深。有时病斑互相连接，布满叶背。

【病原及发病规律】 病原为桑旋孢霉[*Sirosporium mori* (H. et. P. Sydow.) M.B.Ellis = *clasterosporium mori* H. et. P. Sydow.]。病原真菌以菌丝状态在病残叶中越冬。翌年夏、秋产生分生孢子形成初次侵染和再侵染。湖桑7号、湖桑32号等品种较抗病。通风透光的桑园发病轻，反之则重。

【防治方法】 ①延迟桑叶硬化、晚秋清除病叶等措施同桑里白粉病。②发病初期喷洒70%代森锰锌可湿性粉剂500倍液、65%代森锌可湿性粉剂600倍液、65%甲霉灵可湿性粉剂1000倍液、50%多霉灵可湿性粉剂800倍液。

症状

13. 桑炭疽病

桑炭疽病是夏、秋季常见叶部病害，华东、华南、西南蚕区普遍发生。

【症状】 多为害枝条中下部叶片。病斑初为黄褐色或红褐色不清晰小点，后逐渐扩大成周缘暗褐色、中部灰色或淡褐色的不规则或近圆形病斑。叶脉附近病斑不规则。叶背受害叶脉及附近呈锈红色，这是本病与桑褐斑病、漆斑病的不同处之一。

【病原及发病规律】 病原（*Colletotrichum morifolium* Hara），属半知菌亚门毛盘孢属真菌。病原菌以分生孢子盘和菌丝体在病叶及土壤中越冬。翌年春，产生分生孢子借风雨传播到叶面上进行初侵染和再侵染。一般7月开始发病，8、9月间扩展渐多，直至落叶。

【防治方法】 ①秋季收集病叶烧毁。②夏伐后喷洒25%多菌灵可湿性粉剂800倍液。③发病季节喷洒70%甲基托布津可湿性粉剂1000倍液，或25%炭特灵可湿性粉剂1000倍液。

病 斑

叶背症状

病斑放大

16

14.桑灰霉病

这是一种新病害，四川、重庆、浙江等省、市发生较多。

【症 状】 桑树新梢长到3～27厘米时叶片开始发病，病斑一般先从叶尖或叶缘开始，逐渐向叶内主脉扩大，颜色由深褐色变黄褐色。雄花受害后干枯，桑葚受害后腐烂。湿度大时病斑表面形成灰白色霉层。

【病原及发病规律】 病原（*Botrytis cinerea* Pers ex Fr.）属半知菌亚门灰葡萄孢属真菌。北方病菌在病残体上越冬，翌年春产生大量分生孢子进行传播；南方病菌分生孢子终年存在，病害不断发生。该病在低温、高湿条件下易流行。

【防治方法】 ①桑园注意排水。②秋后及时清除病残体。③发病初期对桑树枝叶喷布70%甲基托布津可湿性粉剂1000～1500倍液，或多菌灵可湿性粉剂或50%速克灵可湿性粉剂1000倍液，连续用药2～3次。

病叶

湿度大时病斑上形成灰白色霉层

17

15.桑漆斑病

这是桑树叶部的一种新病害，分布在山东、江苏、浙江、广东、江西等蚕区。

【症状】　夏、秋季节发生在叶片上，病斑初为淡褐色，渐变为深褐色，圆或不规则形，多在叶背病斑上产生轮纹。随着病情的发展，病斑的正反两面均有白色气生菌丝，并形成白色分生孢子座和黑色分生孢子团块。

【病原及发病规律】　病原（*Myrothecium rorideum* Tode et Fr.）属半知菌亚门漆斑菌属真菌。病原菌以菌丝体在病叶中越冬，翌年夏、秋季产生分生孢子进行侵染。

【防治方法】　①发现病叶及时摘除。②发病初期用25%多菌灵可湿性粉剂800~1000倍液或蚕康宁2 000倍液喷洒。

叶背病斑上的白色菌丝和黑色漆块

16.桑轮纹病

广西、浙江、江苏等蚕区有所发生。

【症状】　病斑多在中下部叶片出现。叶片受病菌侵染后，产生大小不等的病斑，病斑从叶面看有淡黄色和红褐色鲜明的同心轮纹，轮纹数有1~5道；叶背病斑的同心轮纹稍欠明显，淡褐色，中心紫褐色,密生分生孢子梗和分生孢子。病斑边缘有白色菌丝。

【病原及发病规律】 病原 (*Spondylocladium mori* Sawada) 属半知菌亚门真菌。病原菌在病叶和土壤中越冬,翌年随风雨冲溅到桑叶上进行初次侵染和再侵染。广西病害发生的高峰期在5~6月份。荫蔽潮湿的桑园发病较重。

【防治方法】 ①合理安排采叶,增加桑园透光度。②施肥氮、磷、钾配合,避免偏施氮肥。③发病初期喷洒70%甲基托布津1000~1500倍液。

病 斑

17.桑黄白化病

该病在江苏、山东、陕西的部分地区时有发生。

【症 状】 主要表现在叶片上,从新梢顶端嫩叶开始,初期叶片变黄,叶脉两侧仍保持绿色,随着黄化程度的加重,叶脉也失绿,整个叶片变黄白色,重者叶缘焦枯,或叶肉坏死腐烂,最后叶片脱落。严重时新梢顶端枯死,甚至整株死亡。

【病因及发病规律】 桑树缺乏铁元素引起的生理性病害。桑树缺铁大

桑叶失绿症状

多发生在碱性土壤上，尤其是石灰性土壤，这种土壤pH值较高并呈 HCO_3^- 离子反应，铁的活性弱，致使桑树缺铁。

【防治方法】 ①增施有机肥。②5月上中旬和6月上旬桑树旺盛生长期，各喷洒1次硫酸亚铁200～300倍液加尿素300倍液，或黄腐酸二胺铁200～300倍液、柠檬酸铁1000倍液、螯合铁（乙二胺四乙酸合铁）100～150倍液。③桑树发病后喷布硫酸亚铁400倍液加柠檬酸2 000倍液和尿素1 000倍液。

严重缺铁症状

18.桑芽枯病

该病分布遍及全国，山东、江苏、浙江、安徽发生较多。

【症状】 早春桑树发芽前后，在枝条上，一是以冬芽为中心形成油浸状褐色的菱形病斑；二是在枝条伤口附近形成水渍状黄褐色椭圆形病斑。以后病斑密生略隆起的小点，突破表皮后成为砖红色的小颗粒，即病原的分生孢子座。5、6月间病斑上产生红褐色或蓝黑色的颗粒，即病原菌的子囊壳子座。该病受害较轻时，病斑仅限于枝条局部，桑芽枯萎不萌发。受害较重时，即病斑扩大互相连接至环绕枝条一圈时，病部以上枝条即死亡。

【病原及发病规律】 病原已知有桑生浆果赤霉菌[*Gibberella baccata* (Wallr)，Sacc．*var．moricola* (deNot．)，Wollenw] 等3种。桑芽枯病菌是一种弱寄生菌，病菌的分生孢子都是从枝条的伤口侵入，然后在病部形成分生孢子座并产生分生孢子。由于分生孢子的传播引起多次重复侵染，直到 5、6 月间才在病部形成子座产生子囊壳，子囊孢子成熟后在 8、9 月间散放，从桑树冬芽附近的伤口侵入，以菌丝越冬，翌年早春出现病害。凡采叶过度、树势衰弱、冻害、晚霜为害、采桑掯叶及害虫多容易造成伤口（尤其桑梢小蠹虫的为害）的环境条件都易诱发本病。

【防治方法】 ①严防秋叶采摘过度。秋季采叶留柄，勿掯叶。②及时防治桑梢小蠹虫。③增施有机肥，氮、磷、钾配合施入。④秋末在树体上喷洒 50% 甲基托布津可湿性粉剂 500 倍液，或 50% 克菌丹可湿性粉剂 1000 倍液，冬季剪梢后喷洒 3～5 波美度石硫合剂，有一定防效。

病　枝

病斑及病菌分生孢子座

田间危害状

19.桑干枯病

该病又称胴枯病，辽宁、河北、山东、新疆蚕区均有分布。

【症　状】　3～5月份桑树发芽前后，距地面40～50厘米以下枝条上出现椭圆形至不规则形浅黄色病斑，后成赤褐色，病斑扩展环绕枝条1周后，病斑以上枝条枯死。5、6月份病斑变橙黄色，上生鲨鱼皮状小疹，6、7月份后小疹外皮破裂，露出黑点。

【病原及发病规律】　病原（*Diaporthe nomurai* Hara）属子囊菌亚门桑间座壳属真菌。病菌以分生孢子器和子囊壳在病枝条上越冬。孢子从伤口或皮孔侵入。山桑种较抗病，鲁桑种易发病。积雪深、积雪时间长、夏秋采叶重、秋季多雨或偏施氮肥的桑园发病重。

【防治方法】　①夏、秋季采叶勿过重。②增施有机肥，氮、磷、钾配合施用。③采叶留柄，减少树体创伤。④春季发芽时剪除病干集中烧毁。⑤秋末冬初枝条上喷洒25%多菌灵可湿性粉剂500倍液，或25%五氯酚钠加20%硫酸铜的100倍液。

病斑

病枝

20.桑拟干枯病

桑拟干枯病是桑树枝干病害中发生较普遍的一类病害,华东、华北、中南、西北各省、自治区发生较重。

【症 状】 该类病与桑干枯病症状相似,由于寄生病原菌种类不同,症状也有差异。但早期都是在枝条上出现水渍状椭圆形病斑,以后病斑逐渐扩大,当病斑包围冬芽时,冬芽即不能发芽,当病斑互相联接环绕枝条一周时,病斑以上枝条即枯死。

【病原及发病规律】 桑拟干枯病的病原菌种类很多,据统计有14属40多种。常见的桑腐皮病病菌有5种,桑丘疹干枯病菌3种,桑小疹干枯病菌4种,桑枝枯病菌1种。伤口是病原菌侵入的门户,树体衰弱是发病的重要条件。凡是采叶粗暴,虫害严重或遭受暴风雨袭击和冻害,枝条上产生大量伤口以及管理不善,采叶过度,造成树势衰弱的桑园,易发生本病。另外,抗寒力强的品种抗病力也强。

【防治方法】 参照桑干枯病。

早春病条

发芽后病条

23

田间危害状

21.桑断梢病

该病是桑树新病害，分布在广西、广东、重庆、四川、浙江等蚕区。

【症状】 春季发生在桑树新梢基部。当患有桑葚小粒性菌核病的葚柄逐渐变成黑褐色时，靠近葚柄的新梢基部皮层形成淡褐色块斑、周斑，长1～4厘米。病轻的，病斑处产生愈伤组织；病重的病斑下陷，造成环缢，枝条极易折断。

【病原及发病规律】 病原为桑葚小粒性菌核病菌 [*Cidoria carumculoides*（*siegi et gemdins*）Whefz et Wolr.] 杯盘菌属。病原菌子囊孢子侵染雌花，蔓延到新梢基部，导致本病的发生。在重庆小冠桑发病重，湖桑次之。仅寄生雌花的新梢发病。此病的发生与温度、湿度关系密切，据重庆市调查，2月下旬至3月下旬平均温度10℃～15℃，相对湿度73%～87%时发病率高。

【防治方法】 ①桑树开花至青葚期摘除雌花和青葚。②盛花期喷70%甲基托布津可湿性粉剂1 000～1 500倍液。

症状

24

22.桑膏药病

该病分布在江苏、浙江、安徽、山东、四川等蚕区。

【症　状】　常见有灰色膏药病和褐色膏药病两种，大都发生在桑树主干的上中部和枝条的基部，多形成圆形至不规则形厚菌丝膜，外观似膏药。灰色膏药病在丘陵山区桑园发生较多，初为茶色，后逐渐变为鼠灰色至褐黑色，后期发生龟裂。褐色膏药病栗褐色，四周具狭灰白色带，菌丝膜表面为丝绒状。

【病原及发病规律】　灰色膏药病原菌（*Septobasidium pedicellatum* Pat）；褐色膏药病原菌 [*Helicobasidium tanakae* (Miyabe) Boed.et Steinm.] 均属担子菌亚门隔担子耳属真菌。病菌以菌丝膜在枝干上越冬，翌年5、6月间形成担孢子进行传播，担孢子有时依附于介壳虫虫体传到健枝或健株上为害。土壤湿润、通风透光不良的桑园易发病。

【防治方法】　①低洼桑园注意排水，改善通风透光条件。②用刀子或竹片刮除菌丝膜后，涂20%石灰浆或5波美度石硫合剂。

桑灰色膏药病

桑褐色膏药病

23.桑粗皮病

本病分布于浙江、安徽、江苏、湖南、湖北、四川等省的部分蚕区，近年浙江丽水、嵊州等市发生较多。

【症　状】　夏伐后新条基部的表皮上，出现许多微小的突起，后突起部分相互连接包满枝条基部，皮孔外突，形成"粗皮"状。严重时病部皮层产生细裂纹，枝条易倒伏。秋叶皱缩变形，硬化早。翌年春，轻病者发芽迟缓，发芽率低，重病者枝条多不发芽，或发芽后叶片枯萎，枝条枯死。

【病因及发病规律】　因缺硼引起的生理性病害。多在3～5年生桑园中成片发生。桑园土壤含硼量为0.05～0.28毫克/千克时桑树发病。红壤、砖红壤含硼量低，发病率高。有机质少、土层薄、地力差的土壤发病率也高。土壤pH值5.4以下时易缺硼。

【防治方法】　①增施有机肥，防止偏施氮肥。②栽植前桑苗用2%～5%硼砂液浸渍，或在桑树发芽前每667平方米用硼砂320～500克与化肥拌匀施在桑树根部土中。③发病初期用硼砂250克对水50升向桑树枝干上喷洒。

枝条基部症状

秋叶皱缩变形

24.桑紫纹羽病

全国各蚕区几乎都有发生，广西发生重。

【症状】 病根表面色泽由鲜黄色变为褐色至黑褐色，严重时皮层腐烂变黑，病根表面缠有紫色的根状菌索，后期在树干基部及附近地面形成一层紫红色的茸状菌膜。病树枝叶生长缓慢，叶色发黄，最后枯死。

【病原及发病规律】 病原（*Helicobasidium mompa* Tanaka）属担子菌亚门卷担子菌属真菌。病菌以菌索和菌核在病根和土中越冬越夏，长期存活。主要是病根接触、水流及农具传染。多发生在土壤湿重及排水不良的桑园。桑园间作易感染的甘薯、马铃薯、花生等极易造成发病。过度采叶以及桑园中施入未腐熟的有机物也易造成发病。病苗是病害远距离传播的重要途径。

【防治方法】 ①对轻病和可疑桑苗栽前用 25% 多菌灵可湿性粉剂 500 倍液浸根 30 分钟，或用 45℃温水浸根 20~30 分钟，或用 50% 代森铵水剂 1000 倍液浸根 10 分钟。②发病严重的桑园、苗圃在彻底挖除病株的基础上改种禾本科作物，

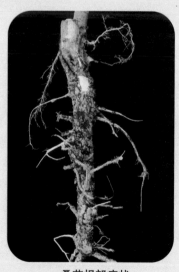

桑苗根部症状

成龄桑根颈部症状

经4～5年后再种桑。③加强桑园肥培管理。低洼桑园及时排水。酸性较重的土壤每667平方米施石灰100～150千克，可起到降低

土壤酸性和消毒作用。腐熟的有机肥料同石灰氮（每公顷750千克）混合施入，可杀死病原菌并增加土壤肥力。

病树基部长满紫红色菌丝膜

25.桑白纹羽病

该病发生在山西、江苏、广东、四川等蚕区。

【症　状】 病桑根部有根状菌束缠绕，菌束初为白色，后变为灰褐色。病根腐朽变黑，剥开皮层后可见菌丝体集结成扇状，紧贴木质部，并形成菌核。病树生长衰弱，逐渐枯死。

【病原及发病规律】 病原 [*Rosellinia necatrix* (Hart.) Berl.] 属子囊菌亚门褐座坚壳属真菌。病原菌以根状菌索、菌核随病根在土壤中越冬，通过桑根接触和土壤传染。病菌生长适温为25℃，土壤湿度为60%～80%。丘陵山区新建桑园易发病。

【防治方法】 参见桑紫纹羽病。

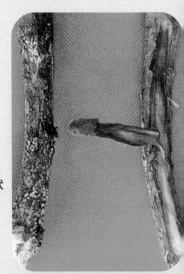

病根症状

26.桑白绢病

该病主要危害我国南方温暖潮湿地区的嫁接苗、扦插苗和苗圃地幼苗。

【症　状】　初期，被害苗（或插条）在接近地表的茎部表皮上出现淡褐色后为深褐色的斑点，继而长出辐射状的白色菌丝，菌丝扩展覆盖病部，逐渐结成油菜籽大小的菌核。皮层腐烂。病苗叶发黄、凋萎，植株枯死。

【病原及发病规律】　病原（*Sclerotium rolfsii* Sacc.）属半知菌亚门齐整小核菌属真菌。病菌以菌核在地表或含有病残物的肥料中越冬。翌年温度、湿度适宜时从菌核中长出菌丝传播病害。发病适温为30℃～35℃，因此，用塑料薄膜保温、保湿的沙藏预措插条发病最重。苗圃地连作发病也较重。

【防治方法】　①沙藏预措插条时选用洁净的河边沙。②将河沙用50%多菌灵可湿性粉剂500倍稀释液喷湿喷透，用塑料薄膜将沙覆盖7天后再行沙藏预措插条。

病　苗

27.桑根结线虫病

全国各蚕区均有发生，以南方根结线虫为害最重。

【症　状】　被害桑侧根和细根上有许多大小不一的瘤状物。瘤中是乳白色、半透明的雌线虫。根瘤初期较坚实，黄白色，逐渐变褐、变黑而腐烂。病桑须根减少，芽叶枯萎，以致整株死亡。

【病原及发病规律】 病原有花生根结线虫（*Meloidogyne arenaria* Neal.），北方根结线虫（*M. hapla* Chitwood），南方根结线虫［*M. incognita* (Kofoid and White.) Chitwood］。根结线虫以成虫、幼虫、卵在病根残体及土中越冬，地温11.3℃时卵孵化，2龄后侵入桑根，形成根瘤。南方根结线虫在广东1年发生7代，花生根结线虫和北方根结线虫一般一年发生3～4代。各种线虫往往世代重叠，一旦感染，难以消灭。

【防治方法】 ①培育无病苗木。②对感染南方根结线虫有3个月以上生育期的病苗，用50℃～53℃温水浸病根20～30分钟。③桑地播种前，每1000平方米均匀撒布石灰225千克，耕翻10天后播种。④发病较轻的病树，可用10%力库满颗粒剂在病树根附近穴施，每667平方米施3～5千克，或用10%克线丹颗粒剂，每667平方米施400克，有较好防效。

实生苗根症状

嫁接苗根症状

成龄桑被害状（南方根结线虫）

28.桑葚菌核病

该病发生在江苏、浙江、江西、重庆、四川、陕西、台湾等地。俗称白果病。

【症　状】　本病分桑葚肥大性菌核病、桑葚缩小性菌核病和桑葚小粒性菌核病3种。

肥大性菌核病：病葚膨大，花被肿厚，呈灰白色，中心有一黑色大菌核。

缩小性菌核病：病葚显著缩小，质地坚硬，灰白色，表面有细皱和暗褐色细斑，葚内有黑色菌核。

小粒性菌核病：桑葚各小果分别受侵染，患病小果显著膨大突出，以后在子房内生小型菌核，整个病葚灰黑色，容易脱落而残留果轴。

【病原及发病规律】　桑葚肥大性菌核病菌(*Ciboria shiraiana* P.Henn.)；桑葚缩小性菌核病菌 [*Mitrula shiraiana* (P.Henn.) Ito et Imai]；桑葚小粒性菌核病菌 (*Ciboria carunculoides* Siegler et Jankins.) 以上3菌均属子囊菌亚门真菌。病菌以菌核在土壤中越冬，翌年春桑花开放时，菌核萌发产生子囊盘和子囊孢子，子囊孢子借气流传播到雌花上，菌丝侵入子房内形成分生孢子梗和分生孢子，最后菌丝形成菌核，菌核随病葚落地越冬。春季温暖、多雨和土壤潮湿时本病发生重。

【防治方法】　盛花期用50%腐霉利（速克灵）可湿性粉剂1500～2000倍液，

桑葚肥大性菌核病

或50%农利灵可湿性粉剂1000～1500倍液，或70%甲基托布津可湿性粉剂1000倍液喷洒树冠。

桑葚缩小性菌核病

29.桑树药害

桑树药害在各植桑区均有发生。

【症 状】 常见的有除草剂、缩二脲中毒及使用农药浓度过大引起的药害。发生中毒和药害往往是全园性的。除草剂中毒多表现叶片畸形，甚至叶缘焦枯。缩二脲中毒枝条梢端嫩叶变黄，略向叶面卷缩，质地粗硬，停止生长。

【病因及发病规律】 除草剂中毒多是农田喷施除草剂污染桑园所致。缩二脲中毒是桑园1次施用过多缩二脲超标的劣质尿素造成的中毒症。缩二脲超标尿素过量施用后，桑树7天左右显现症状，15天左右达到高峰，以后逐渐转轻，30天左右症状基本消失。

除草剂药害多表现叶片畸形和叶缘焦枯

缩二脲中毒状

【防治方法】 ①农田喷施除草剂要注意风向，防止污染桑叶。②桑园施用尿素每667平方米每次不宜超过15千克。③出现缩二脲中毒后立即浇水，连浇数次，加速缩二脲流失。

敌敌畏浓度过大引起的药害

30. 晚霜为害

晚霜为害多发生在华北、华东地区。

【症　状】 晚霜袭击后，叶片、幼芽周缘结冰，轻者芽叶局部坏死变褐，或芽叶皱缩、生长缓慢，长大的叶片上形成许多黄白色呈放射状的小斑点，重者当日叶片甚至全芽黑褐色，叶片失水卷缩，日久脱落。

【发生规律】 山东晚霜为害多发生在4月下旬至5月上旬。一般寒流来临，傍晚天晴无风，星月皎洁，晚上9时左右的气温在10℃以下，到半夜降到6℃，这样的天气，黎明前就有可能出现霜冻。发芽早的桑品种较发芽迟的桑品种受害重；低洼处受害重；靠近江河湖海及刚浇过水的桑园受害轻；近村庄和树木的桑园也稍轻。

【防治方法】 ①灾区慎栽早生桑品种，宜推广发芽迟的品种选792等。②霜冻发生前1～2日桑园浇水或覆盖地膜。③霜害发生后一般不要伐条，可剪梢，要加强肥水等管理。

桑芽脱苞后霜害

33

桑树虫害

31.桑象甲

学名 *Baris deplanata* Boeloffs，属鞘翅目，象甲科。别名桑象虫等。

【分布与为害】 该虫是华东、华南、华中、西南各蚕区桑树的主要害虫之一。成虫春季为害冬芽及萌发后的嫩芽，降低发芽率；夏伐后为害剪口以下的定芽和新梢，严重时将整株桑芽吃光；6月间成虫在嫩梢基部钻孔产卵，使新梢易折。

【形态特征】 成虫体长4~5毫米，黑色。鞘翅上有10条纵沟，沟间有一列细刻点。卵长椭圆形，乳白色。末龄幼虫体长5.6~6.6毫米，圆筒形，浅黄色，头咖啡色。

【发生规律】 每年发生1代，以成虫在半截枝枯桩皮下的化蛹穴内越冬。翌年4月上旬前后气温升到15℃以上时，开始从化蛹穴爬出活动，日夜啃食桑芽，喜欢啃食叶柄和嫩梢，造成其枯萎或折断。桑树夏伐后集中为害剪口下的新发嫩芽，是为害最重的时期，常致使半截枝上段枯死。6、7月间产卵在半截枝上，孵化后幼虫就在半截枝皮下生活。幼虫期29~72天，老熟后蛀入木质部，形成一个上盖细木丝的椭圆形穴，化蛹其中。7~8月份为羽化成虫盛期，成虫当年不爬出化蛹穴。管理粗放，不整枝的桑园发生多。

成虫放大

【防治方法】 ①桑树夏伐后立即喷洒33%桑保清乳油或40%毒死蜱乳油或50%乙酰甲胺磷乳油或50%辛硫磷乳油与80%敌敌畏乳油混合液的1000倍液。②冬季剪除半枯枝桩，春季气温上升至15℃以前烧毁。

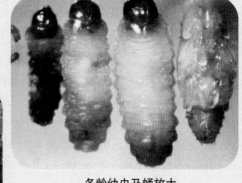

各龄幼虫及蛹放大

桑树夏伐后成虫为害新芽
使半截枝上段枯死

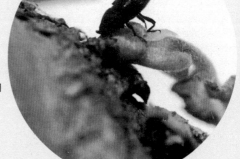

6月间成虫在嫩梢基部钻孔产卵

32.桑橙瘿蚊

该虫学名 *Diplosis mori* Yokoyama，属双翅目，瘿蚊科。

【分布与为害】 山东、江苏、浙江、安徽、江西、广东等蚕区常严重发生。幼虫在桑树顶芽的幼叶间，以口器锉伤顶芽组织，吸食汁液，使顶芽枯萎。连续为害后，桑树侧枝丛生，枝条短小。

【形态特征】 成虫体长2~2.5毫米，淡橙黄色。前翅发达呈匙形，近翅基前缘至后缘有一条横带，翅脉4条，静止时两翅叠在背上。幼虫似蛆，老熟幼虫入土结成近似圆形、扁平的囊包，称"休眠体"。蛹长2毫米左右，橙黄色。

【发生规律】 在山东每年发生4~5代，长江流域6~7代，广东9~10代，均以老熟幼虫（休眠体）在土中越冬。多湿环境有利于发生，成虫发生高峰期都在雨过天晴之后。

【防治方法】 ①桑树夏伐后，每1000平方米用3%甲基异柳磷颗粒剂5~6千克，或40%甲基异柳磷乳油0.3~0.5千克，拌细沙或土均匀撒入桑园，中耕翻入土中。②各代幼虫发生盛期，顶芽喷洒40%桑宝3 700倍液（残毒期5天），或80%敌敌畏乳油或40%乐果乳油1 000倍液。③桑园春肥施入后在桑地覆盖黑色地膜，除揭膜施夏肥外，一直覆盖至10月份。

雌成虫放大

卵（左）、幼虫（中）、
蛹（右）放大

顶芽内的桑橙
瘿蚊幼虫

33.桑吸浆虫

学名 *Contarinia* SP，属双翅目，瘿蚊科。原名桑瘿蚊。

【分布与为害】 分布在广东、广西、四川等蚕区。为害同桑橙瘿蚊。

【形态特征】 成虫体长比桑橙瘿蚊略小，仅 1.5～2 毫米，体色稍浅。前翅细毛分布均匀，无暗色横带。卵有柄，似香蕉形。蛹的胸足端部从内到外依次伸长。

【发生规律】 该虫发生在春季，每年 3～4 代。在广东，早春随桑树发芽化蛹并羽化，1 月下旬为第一代幼虫为害期，此后经 25～30 天发生 1 代，4 月底 5 月初以最后 1 代幼虫入土越夏越冬。第一代发生数量少，2、3 代发生数量多。

【防治方法】 参见桑橙瘿蚊。

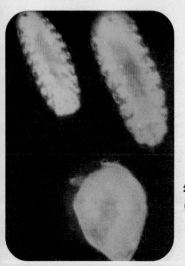

幼虫（上）及休眠体
（囊包体）放大

桑芽被害状

34.蒙古灰象甲

学名*Xylinophorus mongolicus* Faust，属鞘翅目，象甲科。别名蒙古土象。

【分布与为害】　分布于东北、华北、西北各蚕区。春季成虫啃食桑树幼苗，对嫁接成活的桑苗或刚栽植的幼树嫩芽食害尤为严重。食性杂。

【形态特征】　成虫体长4~6毫米，灰黑色，密被黄褐色毛。鞘翅无光泽，略呈卵形，末端稍尖，两侧各具10条刻点纹。幼虫无足，圆筒形，体长6~9毫米，乳白色。

【发生规律】　在山东、辽宁2年完成1代，以成虫及幼虫在土中越冬。在山东3月下旬至4月上旬越冬成虫开始活动，5月上中旬为活动高峰期，多在晴天上午9时至下午4时食害近地面的桑树嫩芽。4月上旬开始交配产卵，直至6月下旬。5月上旬始见新孵化幼虫，幼虫在土中以植物细根为食，10月中下旬陆续做土室越冬，越冬后翌年春继续

成虫放大

取食，6月下旬开始化蛹，7月上旬开始羽化为成虫。新羽化的成虫不出土，在原土室中越冬，直到第三年3~4月间才出土为害。

【防治方法】 ①用50%辛硫磷乳油0.5千克，加细土15~20千克拌成毒土，撒在桑苗四周。②成虫为害期向幼树上喷洒50%辛硫磷乳油1300倍液。③桑树夏伐后喷洒用药同桑象甲。

35.桑小灰象虫

学名 *Calomycterus obconicus* Chao，属鞘翅目，象甲科，卵象属。别名棉小卵象。

【分布与为害】 浙江、江苏、山东、四川、重庆、广东、广西、陕西、河北、福建等地均有分布。成虫食害桑芽、叶，使桑叶缺刻穿孔，以桑树夏伐后第一代成虫为害桑芽最重，可将树上新发嫩芽全部食尽。食性杂。

【形态特征】 雌成虫体长3.4~4毫米，雄虫略小，灰色，头部梯形，喙粗短，末端褐色，复眼黑色，触角膝状。前胸背板具很多小粒状突起，密生暗灰色鳞毛。末龄幼虫体长3毫米，黄色，体12节，纺锤形，常弯曲。

【发生规律】 浙江、山东每年发生2代，以幼虫在土下越冬。浙江越冬幼虫翌年5月中旬化蛹，下旬羽化为第一代成虫，成虫在地面取食杂草，约经15天后上树为害。7月上旬产卵，中旬孵化。初孵幼虫活跃，在地面爬行一段时间后入土，以植物根及有机物为食，8月中旬做土室化蛹，下旬羽化为第二代成虫。10月上中旬第二代成虫产卵，中下旬孵化为越冬幼虫。

【防治方法】 ①利用该虫成虫喜趋地面干瘪桑叶的习性，把少量桑叶均匀地撒在桑园内，隔1~3天后收集处理。②桑树夏伐后喷洒用药同桑象甲。

成虫放大

39

36.桑大象甲

学名 *Episomus kwanhsiensis* Heller，属鞘翅目，象甲科，耳喙象亚科，癞象属。别名大灰象、灌县癞象。

【分布与为害】 主要分布在四川、广西、江苏、浙江等省、自治区。成虫为害桑叶呈缺刻状，幼虫为害桑根皮层和部分木质部，并能钻入桑苗幼根内取食。受害桑长势弱、芽叶枯焦、整株萎蔫，甚至青枯死亡。

【形态特征】 雌成虫体长 10~15 毫米，雄虫略小。虫体椭圆形，背面隆起，灰褐色或土褐色。喙粗短。幼虫老熟时体长 20~22 毫米，前胸背板有一发达的长方形骨化板。

【发生规律】 在四川省有 1 年发生 1 代和 2 年完成 1 代两种类型。1 年 1 代的成虫发生期在 4~11 月间，6~8 月份为盛期。以幼虫在 1 米左右深土中越冬，4 月中下旬上移为害桑根。2 年发生 1 代的成虫 4~5 月出土产卵，幼虫孵化后入土为害，当年以幼虫越冬，翌年 6 月份化蛹、羽化，再以成虫在土下越冬，第三年 4~5 月份出土为害。雨后成虫出土最多。沙土桑园发生较轻。

【防治方法】 ①雨后人工振动桑枝捕捉成虫。②摘除折叠叶缘中的卵块。③成虫盛发期喷洒 50% 辛硫磷 1000~1500 倍液。

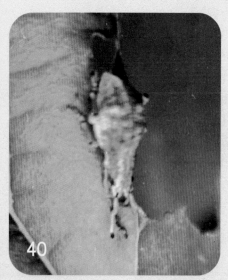

成虫

40

37.蠼螋

学名 *Labidura japonica*，属革翅目。

【分布与为害】 黄河、长江流域各省均有分布，山西省成灾。成虫、若虫食害桑芽，仅留芽苞，有时也吃嫩叶，桑叶成熟后迁至其他树木为害。杂食性或肉食性。

【形态特征】 山西省有红褐蠼螋和欧洲蠼螋两种。成虫体长10～16毫米，宽2～2.5毫米，表皮坚韧，红褐或黑褐色，有光泽。前翅短截，角质；后翅膜质扇形，翅脉放射状，折叠于前翅下。腹部末端有铁铗1对。卵青白色，椭圆形。若虫体形与成虫相似，5～7龄。

【发生规律】 山西每年发生1代。雌虫产卵于土缝中，有护卵和保护若虫的习性。白天潜伏在潮湿的土堆、有机物丰富的草丛、树洞及砖块、朽木下，傍晚时群集树上食害桑芽，黎明时沿树干鱼贯而下。

【防治方法】 ①人工捕捉。②药物防治，用药同桑尺蠖等食芽害虫。

若虫

38.桑尺蠖

学名 *Phthanandria (Hemerophila) atrilineata* Butler，属鳞翅目，尺蠖蛾科。

【分布与为害】 在全国各省、自治区、直辖市均是桑树的主要害虫之一。早春桑芽萌发时，越冬幼虫常将桑芽内部吃空，桑树开叶后为害叶片。

【形态特征】　成虫雌蛾体长 20 毫米，体、翅皆灰褐色。前翅外缘呈不规则齿状，翅面散有不规则的深褐色短横纹，中央具 2 条不规则的波形黑色横纹。后翅有 1 条黑横纹与外缘平行，线外比线内色深，翅面亦散生黑色短纹。末龄幼虫体长 52 毫米，圆筒形，前细后粗。

【发生规律】　在山东及其以北每年发生 3 代，在江苏、浙江、四川等地每年发生 4 代。均以 3 龄及少数 2、4 龄幼虫在树缝、虫孔及树干基部的土缝中越冬。在山东，越冬代幼虫于 3 月 20 日前后开始上树，3 月下旬为上树盛期，5 月上中旬化蛹，5 月下旬羽化为成虫。第一代幼虫 5 月底至 6 月上旬孵化，6 月下旬至 7 月上旬化蛹。第二代幼虫 8 月上中旬化蛹，8 月下旬羽化为成虫。第三代幼虫 9 月上旬孵化，10 月中旬寻找场所越冬。在江浙各代幼虫的盛孵期为 5 月下旬、7 月上旬、8 月中旬、9 月下旬。冬季温暖有利于幼虫越冬，5 月份以后天气多雨、高温、多雾、多露，有利于成虫羽化和卵的孵化。

成虫

幼虫早春食害桑芽

【防治方法】 ①早春捕捉幼虫。②春季桑树冬芽现青至脱苞时，喷洒33%桑保清乳油1000倍液或桑虫清2 000倍液，或50%辛硫磷与50%乙酰甲胺磷混合液（3：1）稀释1000倍液。③桑树夏伐后喷洒60%毒死蜱乳油1500倍液或50%乙酰甲胺磷乳油1000倍液。④晚秋蚕上蔟后立即打"关门药"，可喷洒药效期长的20%速灭杀丁等拟除虫菊酯类农药。

幼虫夏、秋为害桑叶

39.春尺蠖

学名 *Apocheima Cinerarius* Erschoff，属鳞翅目，尺蠖蛾科。别名沙枣尺蠖、杨尺蠖。

【分布与为害】 分布在西北、东北、华北蚕区，是新疆桑树的主要害虫。幼虫早春为害桑芽，开叶后又暴食叶片。

【形态特征】 成虫雌蛾体长9～16毫米，无翅，体灰褐色，腹部各节背面有棕黑色横行刺列。雄蛾体长10～14毫米。幼虫老熟时体长22～40毫米，体色常随寄主植物略有变化，食桑者色较深，呈黄绿色至墨绿色。蛹长8～18毫米。

雌成虫

43

【发生规律】 每年发生 1 代，以蛹在树冠下土中越夏越冬。翌年 2 月末当地表 5～10 厘米处温度在 0℃ 左右时成虫开始羽化出土，3 月上中旬产卵，卵多产于树干 1.5 米以下树皮缝隙和断枝皮下等处。4 月上中旬幼虫孵化，为害嫩芽和叶片。5 月上中旬老熟幼虫入土做土室化蛹。

【防治方法】 幼虫孵化盛期，桑园分区划片喷洒 50% 辛硫磷乳油 1000 倍液，或 50% 辛硫磷与 80% 敌敌畏混合液稀释 1000 倍液。

雄成虫

幼虫

40. 枣 尺 蠖

学名 *Sucra jujuba* Chu，属鳞翅目，尺蠖蛾科。

【分布与为害】 华东、华北、山西、陕西、辽宁各蚕区均有分布。该虫幼虫在春季食害桑叶，影响春蚕饲养。

【形态特征】 成虫雌蛾体长 12～17 毫米，无翅，食桑者体灰黑色。雄蛾体长 10～15 毫米，触角双栉形，全体淡灰色。幼虫

1龄黑色，2龄体表有白色纵纹1条，3龄有白色纵纹13条，4龄体表有黄白与黑白相间的纵条纹13条，5龄体灰绿色有白色纵纹25条，体长约40毫米。

【发生规律】 山东、河北、河南每年发生1代，个别两年1代，以蛹在树冠下10~20厘米深土中越冬。翌年3月下旬至4月中旬为羽化盛期。卵产于枝杈粗皮缝隙内。4月下旬至5月上旬为孵化盛期。5月中旬老熟幼虫开始入土化蛹，越夏越冬。

【防治方法】 幼虫孵化盛期，桑园划片分区，喷洒50%辛硫磷乳油与80%敌敌畏乳油混合液的1500倍液。

成虫（雌）

幼 虫

41.桑青尺蠖

学名*Ascotis selenaria cretacea* Butler，属鳞翅目，尺蠖蛾科。又名杂食烟尺蠖、桑灰翅尺蠖。

【分布与为害】 主要发生在浙江、江苏等蚕区。它食量大，抗药性强，20世纪90年代以来为害苗圃地和成林桑园。

【形态特征】 成虫雌蛾体长13~17毫米，体灰褐色或偶有灰白色。前翅具2条波浪形黑褐色横线。后翅亦有2条波浪形横线，其间有一灰白色肾形斑。卵椭圆形，卵壳表面具有明显凸纹。幼虫体色变化较大，有绿型和褐型两种，成熟幼虫体长45～53毫米。

【发生规律】 每年发生4～5代，以蛹在土中越冬。4月中下旬越冬蛹羽化，产卵于夹缝或土壤缝隙中。1～5代幼虫的发生期分别为5月初至6月中旬，6月初至7月中旬，7月底至8月底，8月下旬至10月上旬，9月底至翌年4月中下旬。高温多湿条件下幼虫易染病死亡。

【防治方法】 该虫5龄和6龄幼虫食叶量占总食叶量的95%左右，因此防治该虫宜在3、4龄前进行。防治用药参考桑尺蠖。

成虫

幼虫

42.大造桥虫

学名 *Ascotis selenaria* Schiffermüller et Denis，鳞翅目，尺蠖蛾科。

46

【分布与为害】 全国各蚕区均有分布，山东、江苏桑园近年发生多，幼虫食害芽叶成缺刻，严重时食成光杆。

【形态特征】 成虫体长15～20毫米，体色变异很大，多为浅灰褐色。卵长椭圆形，青绿色。幼虫体长38～49毫米，黄绿色，腹足两对生于第六，第十腹节。蛹长14毫米左右，深褐色有光泽，尾端尖。

【发生规律】 长江流域每年发生4～5代，以蛹于土中越冬。各代成虫盛发期：6月上中旬，7月上中旬，8月上中旬，9月中下旬，有的年份11月上中旬出现少量第五代。成虫昼伏夜出，卵多产在地面、土缝及桑树枝叶上，数十粒至百余粒成堆。

【防治方法】 ①利用频振式杀虫灯诱杀成虫，每公顷设灯3盏。②幼虫孵化盛期，桑园划区分片，喷洒80%敌敌畏1500倍液，或50%辛硫磷乳油1200倍液。

成虫

幼虫

47

43.黄卷叶蛾

学名 *Pandemis ribeana* Hübner，属鳞翅目，卷叶蛾科。又名醋栗褐卷蛾、醋栗曲角卷叶蛾等。

【分布与为害】 东北、华北、华东、华中及四川均有分布。幼虫在桑梢嫩心里吐丝缀叶，躲在里面蛀食芽苞和叶肉，使顶芽停止生长，甚至变黑枯萎，造成桑树腋芽萌发。

【形态特征】 成虫体长7~10毫米，黄褐色。壮龄幼虫体长14~18毫米，略扁，体绿色，第一胸节和末腹节背面有黄褐色硬皮板。

【发生规律】 江苏每年发生6代，以末代3~4龄幼虫在树皮裂隙或卷叶间结薄茧越冬。翌年4月中旬越冬幼虫开始化蛹，4月下旬羽化为成虫随即产卵，卵产于嫩叶表面。5月上旬孵化第一代幼虫，5月下旬化蛹，6月上旬羽化。第二至第五代幼虫出现盛期分别在6、7、8、9月中旬，10月中旬第六代幼虫蛰伏。长势旺的桑园和湿度大的天气有利于该虫的孵化。

成虫

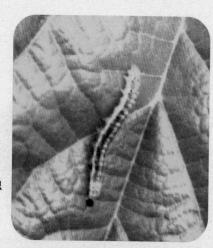

幼虫

48

【防治方法】 ①采集卵块，或在晴天中午前后将折合在叶内的幼虫、蛹用手捏死，每隔3～4天1次，连续2～3次。②在幼虫未缀叶前用80%敌敌畏乳油或50%辛硫磷乳油1200倍液喷洒。对已卷叶蛀入芽苞的幼虫，用40%桑宝3 750倍液喷洒。

44.花卷叶蛾

学名*Argyroploce hemiplaca* Meyrick，属鳞翅目，卷叶蛾科。

【分布与为害】 分布在东北、华北、华东、华中和西南大部分省、自治区、直辖市。为害同黄卷叶蛾。

【形态特征】 成虫体长7～10毫米，体灰白色。头胸部生紫褐色丛毛。前翅翅基有一蓝黑色阔带，中央近前缘有一似梯形黑纹，下方有不规则黑点。雌雄蛾静止时均合翅似钟状。壮龄幼虫体长15～18毫米，绿色，头部黑色有光泽。

【发生规律】 山东每年发生3～4代，江苏省盐城市每年发生4代，浙江每年发生5代，以3龄幼虫在枝干缝隙或卷叶内结薄茧越冬。在江苏省盐城市，翌年4月中旬越冬幼虫破茧活动，为害桑树嫩梢叶，桑芽鹊口期至开1叶时为害最重。5月中旬化蛹，下旬羽化为成虫并产卵，6月上旬孵化第一代幼虫。第二、第三、第四代幼虫分别发生在7月上中旬，8月中下旬，9月下旬。10月上中旬幼虫开始越冬。雨水多的天气，该虫发生较多。

【防治方法】 ①人工捏杀幼虫，以越冬幼虫和第一、第四代幼虫为重点，时间在4月下旬、6月上旬和9月下旬。②药物防治参照黄卷叶蛾。

成虫放大

45.桑绵粉蚧

学名*Phena coccus hirsutus* Green，属同翅目，盾蚧科。

【分布与为害】 广西发生较多。成虫和若虫在桑树嫩芽部刺吸汁液，受害部膨大畸形，芽叶向里卷缩成花絮状，使桑树生长受阻而减产。食性杂。

【形态特征】 成虫体长3～3.5毫米，宽2毫米，椭圆形，背面隆起，肉红色，末端有1对较长的臀刺，体背被覆白色绵状蜡粉。卵淡黄色，椭圆形，包在由白色绵状蜡质物构成的卵囊里面。若虫体长2～2.5毫米，淡黄色，椭圆形，稍偏平，具臀刺1对。

【发生规律】 在广西每年发生多代，世代重叠，为害高峰期在5～6月份。因该虫在桑园边的木槿等杂树上越冬，故桑园边杂树多者亦发生较重。

【防治方法】 ①将受害桑芽剪除烧毁。②用40%氧化乐果乳油1000倍液喷洒。③保护天敌澳洲瓢虫、大红瓢虫等。

桑绵粉蚧虫体与绵状蜡粉

46.桑 毛 虫

桑毛虫含金毛虫和盗毒蛾两种。金毛虫学名*Porthesia*（*Euproctis*）*similis xanthocampa* Dyar，盗毒蛾学名*Porthesia*（*Euproctis*）*similis*

50

Fuessly，均属鳞翅目，毒蛾科。

【分布与为害】 该虫分布全国，以江苏、浙江、安徽、山东、广东、四川受害重。幼虫食害芽、叶。幼虫体上的毒毛能使家蚕中毒，产生蜇伤症。

【形态特征】 金毛虫是盗毒蛾的生态亚种，形态二者极为相似。金毛虫雌蛾体长 14～18 毫米，雄蛾稍小，全体白色，复眼黑色。雌前翅近臀角处的斑纹与雄前翅近臀角和近基角的斑纹一般为褐色，而盗毒蛾的上述斑纹则为黑褐色。卵直径 0.6～0.7 毫米，灰白色，扁圆形，卵块长条形，上覆黄色体毛。金毛虫幼虫体长 26～40 毫米，体黄色，而盗毒蛾幼虫体多为黑色。二

金毛虫成虫

者背线红色、亚背线、气门上线和气门线黑褐色。前胸的 1 对大毛瘤和各节气门下线及第九腹节的毛瘤为红色，其余各节背面的毛瘤为黑色绒球状。幼虫体色及成虫前翅斑色是区别两个种的重要特征。

幼 虫

【发生规律】 辽宁、山西每年发生 2 代，江浙太湖流域及山东每年发生 3 代，珠江三角洲 6 代，少数 5 代。多以 3 龄幼虫在树干缝隙等处结茧越冬。江浙幼虫第一代盛发期为 6 月中下旬，第二代盛发期为 8 月中旬到 9 月中旬，越冬代为 10 月下旬到翌年 5 月下旬；山东越

51

冬代幼虫4月中旬为出蛰盛期，1~3代幼虫盛发期分别为6月中下旬、8月上中旬、9月上中旬，9月下旬至10月上旬进入越冬期。

【防治方法】　①桑毛虫越冬幼虫较桑尺蠖越冬幼虫晚出蛰约7天，在桑毛虫较多的桑园，早春用药药杀桑尺蠖时可推迟5~7天，以兼治桑毛虫。用药种类同防治桑尺蠖。②人工摘除"窝头毛虫"叶片。

47.野　蚕

学名 *Bombyx mondarna* Leech，属鳞翅目，蚕蛾科。别名桑蚕、野桑蚕。

【分布与为害】　分布几乎遍及全国各蚕区，以太湖流域、山东和四川北部发生最为严重。幼虫6~9月为害，喜食桑顶嫩叶，严重时仅剩主脉。

【形态特征】　成虫雌蛾体长20毫米，全体灰褐色。触角羽毛状。末龄幼虫四眠者体长40~65毫米，三眠者32~39毫米，胸部2、3节膨大，体褐色，个体间斑纹有差异，老龄期体色与斑纹差异更大。茧浅黄色，纺锤形。蛹棕褐色。

【发生规律】　辽宁、河北每年发生2代，山东2~3代，长江流域4代，以卵在桑树枝干上越冬。山东各代幼虫发生盛期分别在5月下旬、7月中旬、8月下旬，第三代幼虫9月中下旬结茧，9月下旬至10月中旬羽化产卵。长江流域4代幼虫发生期分别为4月下旬、6月下旬、8月上旬、9月上旬，有明显世代重叠现象。

成虫

【防治方法】 ①人工刮卵和捕捉幼虫。②发生严重时喷洒80%敌敌畏乳油或50%辛硫磷乳油1000~1500倍液。

幼 虫

越冬卵

48.桑 蟥

学名*Rondotia menciana* Moore，属鳞翅目，蚕蛾科。

【分布与为害】 全国各蚕区几乎均有分布。幼虫在叶背食叶肉，留下叶脉，受害严重时叶片成网状。

【形态特征】 成虫雌体长10毫米，翅展40毫米，体、翅均为黄色。卵扁平椭圆形，无盖卵块（非越冬卵）乳白色，卵粒排列整齐；有盖卵块（越冬卵，卵上覆1层灰白色膜似盖）黄褐色。成长幼虫体长24毫米，圆筒形，身上敷有1层白粉。蛹较肥大，羽白色。茧淡黄色，椭圆形。

【发生规律】 桑蟥有一化性、二化性和三化性3种。江浙一化性（头蟥）、二化性（二蟥）居多，三化性（三蟥）较少。它们的初孵期都是从6月初开始，6月中旬末、下旬初为盛孵期，7月

桑螟成虫（上雌下雄）

中旬化蛹，下旬羽化产卵。此时一化性产有盖卵越冬，二化、三化性产无盖卵。无盖卵8月上旬孵化，9月上旬羽化，此时二化性产有盖卵，三化性继续产无盖卵。无盖卵9月中旬孵化，10月上旬化蛹，10月下旬羽化，产有盖卵越冬。

【防治方法】 ①将附有螨卵的桑苗、接穗，放到50%甲基1605乳油的5000倍液中浸1~2分钟。②刮螨卵、采螨茧。可将刮取的卵、茧放入天敌保护器内，置于桑园中放养。 ③幼虫盛孵高峰后2~5天，用80%敌敌畏1000倍液或50%辛硫磷1500倍液喷杀。

树干上的有盖卵块
（越冬卵）

幼虫与茧

49. 桑 螟

学名*Diaphania pyloalis* Walker，属鳞翅目，螟蛾科。

【分布与为害】 分布于全国各蚕区，是桑树的重要害虫之一，长江流域晚秋蚕期桑叶受害最重。低龄幼虫在叶背叶脉分叉处取食，3龄后幼虫吐丝折叶或将两叶片重叠，在内取食叶肉，仅留上表皮，形成黄褐色半透明薄膜。

【形态特征】 成虫体长10毫米，体茶褐色，被有白色鳞毛，呈绢丝闪光。前翅有浅茶褐色横带5条。后翅沿外缘有宽阔的茶褐色带。卵长0.7毫米，扁圆形，浅绿色。末龄幼虫体长24毫米，胸腹部水绿色，背线深绿色，头浅赭色，越冬虫体呈淡红色。

【发生规律】 山东每年发生3～4代，苏、浙、川4～5代，广东8～10代，均以老熟幼虫在桑树蛀孔裂缝中结薄茧越冬。山东3代者各龄幼虫盛发期分别为6、7、8月的下旬，以第三代为害最重，老熟幼虫于9月下旬至10月上旬蛰伏越冬。江、浙、川5代幼虫的发生期为6、7、8、9、10月的中旬，有世代重叠现象，以第四、第五代为害最重。桑螟卵期若遇湿润

成虫

天气孵化率高。天敌有桑螟绒茧蜂等，平均寄生率达43%以上。

【防治方法】 ①山东第三代，江、浙、川第四代为防治重点，在幼虫2龄末，喷布40%桑宝3 700倍液或50%辛硫磷1500倍液。②捏杀幼虫。③晚秋蚕上蔟后打好"关门药"，可用久效磷或拟除虫菊酯类农药。④用频振式杀虫灯诱杀成虫。

幼虫

蛹

为害状

50.白毛虫

学名*Apatele (Acronycta) major* Bremer，属鳞翅目，夜蛾科。

【分布与为害】 全国各蚕区几乎都有分布，云南和四川北部为害最重。初孵幼虫食取桑叶叶肉和下表皮，仅留上表皮，长大后咀食叶片，仅剩主脉。

【形态特征】 成虫雌蛾体长20毫米，雄蛾稍小，前翅灰白色，近翅基有黑色剑状纹，中室中央有一圆形纹，中室横脉上有一肾形纹，外缘有黑色小点。卵半球形，有许多放射状沟纹。幼虫体长55毫米左右。头黑色。胸腹部背面淡绿色，腹面绿褐色。体侧及足基节簇生白色长毛和深蓝色短毛，老熟时毛色变黄。蛹长25毫米，圆筒形，紫褐色。

【发生规律】 江苏、浙江、四川、云南每年发生1~2代，山东每年发生1代，以蛹越冬。在长江流域，二化性5月下旬为羽化盛期，幼虫发生期在6月下旬至7月上旬，第二代在8月下旬至9月上旬。越冬蛹羽化迟的为一化性，幼虫发生期为8月下旬至9月上旬。卵散产于枝梢嫩叶背面。老熟幼虫于桑树根际隙缝、土中、桑园附近的墙壁或屋檐下成群结茧化蛹。

【防治方法】 ①捕杀幼虫及蛹茧。②药剂防治参照桑毛虫。

幼 虫

51.桑园刺蛾

褐刺蛾学名*Setora postornata* (Hampson)，扁刺蛾学名*Thosea sinensis* (Walker)，褐边绿刺蛾学名 *Latoia consocia* (Walker)，均属鳞翅目，刺蛾科。

【分布与为害】 该虫在长江流域及其以南地区的桑园较多。低龄幼虫取食桑叶下表皮和叶肉，大龄幼虫食叶成缺刻和孔洞，严重时食光。

【形态特征】 褐刺蛾成虫体长18毫米，暗褐色，前翅有两条褐色斜纹。幼虫有红色和黄绿色两种类型。茧灰色，薄脆。扁刺蛾成虫体、翅灰褐色，前翅自前缘近顶角处向后缘中部有暗褐斜纹1条。幼虫体扁，绿色，背中有白色纵线1条。茧椭圆形，暗褐色。褐边绿刺蛾成虫头胸和前翅绿色，腹部和后翅淡黄色，前翅基部具棕色大斑，外缘有黄色阔带。幼虫柱形，绿色，头部硬皮板有黑斑一对，腹部末节有由黑鳞毛集成的4黑块。茧壳坚硬，棕色。

【发生规律】 长江流域每年发生2代，以老熟幼虫在土中结茧越冬。4月底5月初开始化蛹，5月中旬成虫出现并产卵，6月上旬可见第一代幼虫，7月上旬起幼虫陆续结茧化蛹。第二代幼虫的为害高峰期在8月下旬。9月老熟幼虫下树结茧。成虫昼伏夜出，有趋光性。幼虫8龄，少数9龄。

【防治方法】 ①利用频振式杀虫灯诱杀成虫。②幼虫盛发期喷80%敌敌畏乳油1200倍液，或25%亚胺硫磷乳油1000倍液。

褐刺蛾（上2）与褐边绿
刺蛾（下）幼虫

天敌大粗喙蝽刺
吸刺蛾幼虫

扁刺蛾幼虫

52. 桑园叶甲

黄迷萤叶甲学名*Mimastra cyanura* Hope，蓝尾迷萤叶甲学名*Mimastra unicitarsis* Laboissiere，桑叶甲学名*Platyxantha chinensis* Maulik，蓝叶甲学名*Phyllobrotica (Fleutiauxia) armata* Baly，夏叶甲学名*Abirus fortunei* Baly，均属鞘翅目，叶甲科。

【分布与为害】 分布于长江流域及其以南各省、自治区、直辖市，尤以丘陵山地桑园为害严重。成虫为害桑树的春叶和夏叶，食成缺刻，严重时仅留叶脉。食性杂。

【形态特征】 黄迷萤叶甲成虫体长8～12毫米，长椭圆形，体黄色。末龄幼虫体长10毫米，圆筒形，土黄色，胸腹各节有深茶褐色疣状突起。蓝尾迷萤叶甲与黄迷萤叶甲形态十分相似，仅成虫鞘翅末端呈蓝色。桑叶甲成虫体长6毫米左右，头部和前胸背板黄色，鞘翅深蓝色，有金属光泽。蓝叶甲成虫体长6～7毫米，深蓝色，有金属光泽。夏叶甲成虫体长8～11毫米，比上述其他叶甲粗，鞘翅深蓝色或草绿色，有绿色或紫色反光。

黄迷萤叶甲成虫（左）、
黄迷萤叶甲幼虫（中）、
蓝尾迷萤叶甲（右）

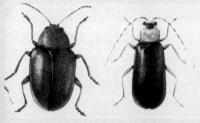

夏叶甲（左）、桑叶甲
（中）、蓝叶甲（右）

【发生规律】 叶甲每年1代，以老熟幼虫在土中越冬。浙江5月上旬成虫开始羽化，6月下旬开始产卵，8月下旬幼虫孵化；桑叶甲羽化较早，4月中旬为羽化盛期。蓝尾迷萤叶甲在四川的羽化盛期是4月下旬。叶甲有群集性和假死性，多在日中活动，日落至次日清晨露水未干前不活动。卵产于土表或土块裂缝中，幼虫在土中活动较多，取食草根、嫩茎等。

【防治方法】 ①利用成虫的假死习性，于清晨露水未干前振动桑枝，使其落于盛肥皂水的脸盆或盛石灰粉的簸箕中，集中杀死。②成虫盛发期喷洒40%桑宝3 700倍液或80%敌敌畏乳油1000倍液。③桑树夏伐时留少量桑树枝叶不剪，诱杀成虫。

53.斜纹夜蛾

学名 *Prodenia litura* Fabricius，属鳞翅目，夜蛾科。

【分布与为害】 全国各蚕区均有分布。低龄幼虫啃食桑叶下表皮和叶肉，4龄后食叶成缺刻或留主脉。食性杂。

【形态特征】 成虫体长14~20毫米，头、胸、腹均深褐色。前翅灰褐色，斑纹复杂，内横线及外横线波浪形灰白色，在环状纹与肾状纹间自前缘向后缘外方有3条白色斜线，故名斜纹夜蛾。卵半球形，淡绿色，卵粒集结成3~4层的卵块，外覆灰黄色疏松茸毛。老熟幼虫体长35~47毫米，头部黑褐色，胴部体色因寄主和虫口密度不同而异，中胸至第九腹节有三角形黑斑。

成 虫

【发生规律】 华北每年发生4~5代，长江流域5~6代，广东、广西终年可见。长江流域多在7~8月份大发生，黄河流域在8~9月份发生最重。该虫是喜温性昆虫，适温为29℃~30℃，在33℃~40℃时生活也基本正常，冬季遇低温易死亡。

【防治方法】 ①采用频振式杀虫灯诱杀成虫。②采桑时随时摘取卵块。③药剂防治掌握在3龄前局部发生时进行挑治。可用5%锐劲特悬浮剂3 000倍液（残效期33天），或用50%乙酰甲胺磷1000~1500倍液，或80%敌敌畏乳油800倍液喷杀。

幼虫及为害状

60

54.人纹污灯蛾

学名 *Spilarctia subcarnea* Walker，属鳞翅目，灯蛾科。别名红腹灯蛾、黄毛虫。

【分布与为害】 全国各蚕区都有分布。低龄幼虫群集桑叶背面啃食叶肉，稍大后分散为害，吃成缺刻。食性杂。

【形态特征】 成虫长约20毫米。胸部和前翅白色，前翅上有黑点两排，两翅合并时黑点呈"人"字形，腹部背面红色，腹面黄白色，背中、两侧和腹面各有一列小黑斑。卵扁圆球形，浅绿色。幼虫老熟时长约40毫米，体圆筒形，黄褐色，长有红褐色长毛。蛹紫褐色，长约18毫米。

【发生规律】 在我国每年发生2~6代，世代重叠，因地区不同，每年发生代数有异，均以蛹越冬。该虫幼虫期发生量很大，但基本被天敌绒茧蜂所控制。

【防治方法】 一般不需要大面积单独防治。

成虫

幼虫

55.稀点雪灯蛾

学名 *Spilosoma urticae* Esper，属鳞翅目，灯蛾科。别名稀点白灯蛾、黄腹灯蛾。

61

【分布与为害】 分布于黑龙江、辽宁、山东、河北、江苏、浙江、新疆等地。为害同人纹污灯蛾。

【形态特征】 成虫白色，体长 14～15 毫米。前翅白色，有黑点。腹部背面除基节、端节外为橙黄色，背面、侧面及亚侧面

茧与成虫

具有黑点列。卵圆球形，直径 0.6 毫米，黄白色。幼虫体长约 38 毫米，身上密被黄褐色丛毛。蛹椭圆形，棕褐色，茧较薄。

【发生规律】 山东、河北每年发生 3 代，各代幼虫的发生为害期分别为 5 月上旬至 6 月中旬，6 月中旬至 8 月上旬，8 月中旬至 9 月中旬，9 月中旬后末龄幼虫爬至石块或枯枝杂草中化蛹越冬。在太湖流域每年发生 4 代，各代幼虫发生为害期分别为 4 月下旬至 5 月下旬，6 月上旬至 7 月上旬，7 月中旬至 8 月初，8 月下旬至 9 月下旬。

【防治方法】 同人纹污灯蛾。

56. 美国白蛾

学名 *Hyphantria cunea* Drury，属鳞翅目，灯蛾科。

【分布与为害】 它是外来入侵种，现已蔓延到辽宁、陕西、山东、河北、天津和上海。该虫食性杂，传播快，已列为对外植物检疫对象。低龄幼虫在网幕中啃食叶肉，残留的桑叶表皮呈白膜状，稍大食叶呈缺刻和孔洞，常将桑叶食光。

【形态特征】 成虫为纯白色的中型蛾子，体长 9～12 毫米，雄蛾前翅散生许多淡褐色斑点。卵圆球形，灰绿或灰褐色。幼虫体长 28～35 毫米，体色多为黄绿至灰黑，体侧线至背面有灰褐

成虫（左雌右雄）

色宽纵带，体侧及腹面灰黄色，体侧毛瘤橙黄色，毛瘤上生有白色长毛丛，杂有黑毛，有的为棕褐色毛丛。

低龄幼虫的网幕

【发生规律】 在辽宁、山东每年发生 2 代，以蛹茧在树下枯枝落叶及各种裂隙中越冬。越冬蛹 5 月中旬羽化为成虫，第一代幼虫发生期在 6 月上旬，第二代幼虫发生于 8 月上旬。1 只雌蛾产 1 卵块，为 500~700 粒。幼虫孵化不久即吐丝结网，形成网幕，营群居生活，5 龄抛弃网幕营个体生活。

【防治方法】 ①严格检疫。②巡视桑园，剪除幼虫 4 龄前的网幕。③药杀方法参考其他食叶害虫。

幼虫

茧与蛹

57.桑园蓑蛾

桑蓑蛾学名 *Eurycytarus nigriplaga* Wileman，大蓑蛾学名 *Clania variegata* Snellen，均属鳞翅目，蓑蛾科。

【分布与为害】 全国蚕区都有分布。幼龄虫食害桑芽和叶肉，剩留上表皮，成长幼虫食叶成孔洞或缺刻。食性杂。

【形态特征】 桑蓑蛾雌成虫体长12～16毫米，无翅，浅黑色，蛆形，胸部生一深褐色纵纹通至第一腹节。雄虫有翅，体被黑鳞毛。末龄幼虫体长16～26毫米，头部浅黄色，有黑色斑纹。胸腹部肉黄色，上有斑纹。蓑囊长25～30毫米。大蓑蛾雌成虫体肥大，无翅，蛆状，长约25毫米，腹末节有一褐色圈。雄蛾体长15～17毫米，黑褐色，前翅有透明斑4～5个。老熟幼虫体长25～35毫米，棕褐色，中胸盾片黄褐色，其上有4条黑褐色纵纹，腹部褐色。蓑囊长40～60毫米，宽约15毫米。

桑蓑蛾护囊

【发生规律】 每年发生1代。以幼虫在护囊中越冬，翌年3月间即开始活动和化蛹，6月上旬幼虫开始孵化，10月中下旬以老熟幼虫越冬。

【防治方法】 ①摘除护囊。②幼虫孵化盛期或低龄阶段，于傍晚喷洒80%敌敌畏乳油1 000倍液。在虫龄大时，药剂浓度要增加，且使护囊充分湿润。

大蓑蛾卵产在护囊中

大蓑蛾幼虫

64

58.黑绒金龟甲

学名 *Serica orientalis* Motschulsky，属鞘翅目，金龟甲总科鳃金龟科。

【分布与为害】 除西藏、新疆外各地均有分布，尤以北方发生严重。成虫啮食桑芽、嫩梢及桑叶，还喜食桑苗子叶和生长点，故对苗木嫩芽为害尤重。

【形态特征】 成虫体长6~9毫米，卵圆形，体表密被茸毛，具丝绒感。幼虫（蛴螬）体长14~16毫米，白色或淡黄色。

【发生规律】 每年发生1代，一般以成虫在土中越冬。在山东、陕西、辽宁翌年4月上中旬出土活动，4月末至6月上旬为成虫盛发期，因有雨后出土的习性，故在此期间可连续出现几个高峰。5月中旬是繁殖盛期，7月末老熟幼虫深入土中40~50厘米处化蛹，8月中旬成虫羽化，不出土而越冬。成虫有假死性和趋光性，飞翔力强，为害时间一般下午4、5时开始，晚6~8时最盛，白天不出土。

【防治方法】 ①成虫活动高峰期用频振式杀虫灯诱杀。②成虫盛发期于傍晚在桑园中喷洒40%乐果乳油1 200倍液，或50%辛硫磷乳油1 000~1 500倍液。

成虫

59.华北大黑鳃金龟甲

学名 *Holotrichia oblita* Hope，属鞘翅目，金龟甲总科鳃金龟科。别名东北大黑鳃金龟甲。

【分布与为害】 多发生于山东、河北、河南、山西、内蒙古以及东北地区和江苏、安徽北部。成虫咬食叶片成缺刻或孔洞，严重的仅残留叶脉基部。排出的粪便污染桑叶。食性杂。

【形态特征】 成虫体长16～21毫米，长椭圆形，黑褐色。两鞘翅表面均有4条纵肋，鞘翅会合处缝肋显著。幼虫体长约40毫米，头部黄褐色，胴部乳白色。

【发生规律】 在山东2年完成1代，长江流域每年1代，以成虫及2～3龄幼虫隔年交替越冬。山东越冬成虫4月上中旬当10厘米土温达13℃时开始出土，土温稳定在14℃～15℃时大量出土，5月上中旬达出土盛期。产卵高峰期在6月中旬前后。1龄幼虫期25天，2龄为26～28天，3龄在300天以上。11月上旬3龄幼虫迁至地下40厘米处越冬，翌年4月上旬上移表土为害。5月下旬老熟幼虫钻入深土内化蛹。7月中下旬为羽化盛期。成虫羽化后不出土，在土中越冬后第三年方出土。

【防治方法】 参考黑绒金龟甲。

华北大黑鳃金龟甲成虫

60.铜绿丽金龟甲

学名 *Anomala corpulenta* Motsch，属鞘翅目，金龟甲总科丽金龟科。

【分布与为害】 华东、华中、西南、东北、西北蚕区都有分布，江南蚕区发生较多。为害与华北大黑鳃金龟甲相似。

【形态特征】 成虫体长19～21毫米，背面铜绿色，有光泽。卵近球形，长约2.3毫米，白色。幼虫体长约30毫米，乳白色，头部暗黄色，近圆形。

【发生规律】 每年发生1代，以3龄幼虫在土中越冬。成虫出现盛期，浙江衢州为5月下旬，杭州6月上中旬，江苏省徐州市为6月上旬到7月下旬。成虫有假死性和强烈的趋光性，夜间9～10时为活动高峰期。

【防治方法】 参考黑绒金龟甲。

成虫

61.桑叶瘿蚊

学名 *Diplosis morivorella* Naito，属双翅目，瘿蚊科。

【分布与为害】 分布于河北、山东、浙江、安徽等蚕区，多零星发生。幼虫在桑叶叶脉处取食，刺激桑叶形成虫瘿，使叶质下降。

【形态特征】 雌成虫长约2.5毫米，红色，雄虫略小。前翅无色透明。卵0.4毫米×0.1毫米，椭圆形而细长，橘红色，表面光亮。幼虫寄生在叶背虫瘿内，蛆形略扁，红色，老熟幼虫体长4毫米。蛹长2.5毫米，红色，茧长椭圆形，白色。

【发生规律】 每年发生代数与越冬虫态不详，世代重叠。6～7月间幼虫有3个为害高峰，10月底仍见虫瘿。卵期2～3天，幼虫及蛹期各为12天左右，成虫寿命1天。

【防治方法】 ①摘除虫瘿烧毁。②必要时可喷洒40%桑宝3700倍液。

成虫放大

虫瘿内的幼虫与蛹

桑叶被害状

62.灰蜗牛

学名*Fruticicold ravida* (Benson)，属软体动物门，腹足纲，柄眼目，蜗牛科。

【分布与为害】　分布于江苏、浙江、安徽、四川、福建、广东、广西等蚕区。幼体和成体均食害桑芽、嫩叶和嫁接苗叶。食性杂。

【形态特征】　灰蜗牛成体长30～36毫米，有5.5～6个螺层。卵球形，直径1～1.5毫米，乳白色，常10～20粒粘在一起。初孵幼体仅2毫米，7～8个月后变为成体。

【发生规律】　每年发生1～1.5代，以成体或幼体潜入桑根、草堆、石砾下越冬。3月份开始活动，白天隐蔽，夜间取食，遇阴雨天多整天栖息在植株上。5月中旬至6月底严重为害春叶和夏伐后新萌芽叶。7～8月份遇高温干旱活动减少，9月份又

灰蜗牛田间为害状

大量活动，11月下旬逐渐转入越冬状态。产卵盛期1年有2次（4～5月和9～10月份），卵产于土下1.5～2厘米处。

【防治方法】 ①清晨或阴雨天人工捕杀。②清除桑园地头沟边杂草，撒上石灰粉。冬季桑园中耕，暴露越冬成体、幼体，使其被天敌啄食或冻死。③为害盛期喷洒50%辛硫磷乳油1200倍液毒杀成、幼贝，或在地面撒施灭蜗灵颗粒剂。④保护天敌步行甲、蛙、蜥蜴等。

天敌步行甲在溶解和吸食蜗牛

63. 野蛞蝓

学名 *Agriolimax agrestis* Linnaeus，属腹足纲，柄眼目，蛞蝓科。

【分布与为害】 分布于浙江、江苏、广东、广西、安徽、湖北、湖南、福建、河南、江西、四川、云南、贵州等地，在浙江杭嘉湖水网地带常成灾，桑芽和嫩叶被吃尽或叶片吃成缺刻状，同时粪便污染桑叶。

【形态特征】 体柔软，无外壳，长梭形，灰褐色，体长约25毫米。前端有触角2对，口位于头部腹面两前触角间的凹陷处。体背前端具外套膜，为体长的1/3。卵椭圆形，直径2～2.5毫米，常数个或数十个粘在一起。初孵幼体体型同成体。

【发生规律】 浙江桑园中的野蛞蝓每年发生2代。主要为害期在5～6月和9月，11月下旬后成体入土越冬。野蛞蝓活动的最适温度为15℃～25℃，产卵的最适温度为11℃～20℃；水是该虫活动、繁殖的极为重要的因素，3～6月间如雨水多、分布均匀，

野蛞蝓成体及为害状

则野蛞蝓密度偏高。

【防治方法】 ①清除桑园杂草，及时排水，减少其潜藏场所。②于傍晚撒菜叶、杂草作诱饵，翌晨揭开菜叶、杂草，用石灰粉喷杀。③必要时于傍晚喷洒灭蛭灵900倍液。

64.桑蓟马

学名*Pseudodendrothrips mori* Niwa，属缨翅目，蓟马科。别名桑伪棍蓟马。

【分布与为害】 全国各蚕区均有分布，是桑树夏、秋季的主要害虫之一。成虫、若虫均以锉吸式口器吸取桑叶汁液，严重者被害叶变锈褐色，提早硬化，叶质降低。

【形态特征】 成虫体长0.8毫米，纺锤形，淡黄色。初孵若虫无色透明，2龄淡绿色，3龄黄绿色，4龄体长0.7~0.8毫米，橘红色。

【发生规律】 江苏、浙江每年发生9~10代，以成虫在落叶、皮缝及杂草中越冬，翌年春桑芽开放时上树为害，并产卵于叶背上，4月下旬发生第一代若虫，若虫共4龄，全龄期平均10~13天。第一代成虫羽化时正值桑树夏伐，第二代羽化时夏伐桑已萌芽，第三代若虫、成虫期在浙江正值梅雨季节，为害不明显。4~6代发生在7~9月份高温干旱期，虫口数量激增，为害最重。多雨有碍桑蓟马的发生，高温干旱有利于桑蓟马的发生，

桑叶背面的成虫和4龄若虫

故山东等北方蚕区,如7~8月份遇到干旱,桑蓟马的为害也十分严重。桑蓟马成虫性活跃,具趋嫩绿习性。从第四代起世代重叠明显,造成上代若虫在4~8片叶上吸汁,下代成虫又在新梢嫩叶上产卵,随着新梢的向上生长,形成自下而上层层为害的现象。

【防治方法】 ①成虫盛发期用黄色胶板诱杀。②用50%杀螨隆2 000倍液(残效期7天)或40%乐果乳油1 200倍液或80%敌敌畏乳油1 000倍液喷杀。③栽植抗虫桑品种农桑系列。④秋、冬清除桑园内落叶、杂草,集中深埋或烧毁。

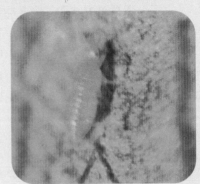

若虫放大

桑叶被害状

65.桑木虱

学名 *Anomoneura mori* Schwarz,属同翅目,木虱科。

【分布与为害】 四川、陕西、浙江、湖北等蚕区都有发生。若虫吸食桑芽和桑叶汁液,被害桑生长不良,严重时桑芽不能萌发,叶片卷缩,甚至组织坏死。另外,该虫的分泌物污染桑叶,易诱发煤污病。

【形态特征】 成虫体长3~3.5毫米,初羽化时水绿色,后渐变铜褐色。胸背隆起,有数对棕色至深黄色纹。前翅半透明,长圆形,有咖啡色斑纹。卵谷粒状。若虫黄绿色,腹末有白色蜡丝。

【发生规律】 每年发生1代,以成虫在桑树和柏树裂缝中潜伏越冬。越冬成虫翌年3月交尾产卵,卵产于脱苞芽未展叶的叶片背面。经20天左右进入孵化盛期,若虫先在产卵叶取食,被害叶枯黄后迁往它叶为害。若虫于5月中下旬进入羽化盛期。桑树夏伐后,成虫飞迁至附近柏树吸食,待桑树发芽后又飞回桑树。秋季因桑树多次采叶,故该虫在桑树和柏树间发生。

【防治方法】 ①桑园周围不栽柏树。②摘除卵叶。③剪伐若虫枝梢。④在卵期和若虫期喷洒50%乐果乳油1 000倍液。⑤保护天敌异色瓢虫、桑木虱啮小蜂、四斑草蛉及茶翅蝽等。

桑木虱成虫

若 虫

66.桑 叶 蝉

学名 *Erythroneura mori* Matsumura,属同翅目,叶蝉科。别名桑斑叶蝉、血斑浮尘子等。

【分布与为害】 全国蚕区普遍发生,山东、安徽、江苏、浙江发生严重。桑叶蝉的成虫、若虫均在桑叶背面刺吸汁液,被害初期叶面呈现许多小白斑,以后逐渐变黄褐色,造成叶质下降并提前硬化。

【形态特征】 成虫体长2~2.5毫米,淡黄色,头、胸、前翅都有血红色纵向斑纹，头、胸各有2条，但斑纹数及大小变化很大，常减少甚至全部消失。成长若虫比成虫略小，淡绿色，有对称斑点和条纹。

【发生规律】 浙江每年发生4代，以成虫在杂草、落叶、裂缝中越冬。春季桑芽萌动后，越冬成虫开始活动，5月下旬产卵（卵产于叶脉里），6月中旬孵化，经5次蜕皮后于7月上旬羽化；第二代7月中旬产卵，下旬孵化，8月上旬羽化；第三代8月中旬产卵，下旬孵化，9月上旬羽化；第四代9月中旬产卵，下旬孵化，10月中旬羽化。山东每年发生3代，6月以前发生较少，6月中下旬开始增多，秋季发生严重，晚秋常猖獗为害。10中旬开始越冬。一般在杂草多、管理差、比较潮湿的桑园发生多。

成 虫

【防治方法】 ①秋、冬清洁桑园。②若虫发生盛期，喷洒80%敌敌畏乳油1 500倍液，或40%乐果乳油1 000倍液。③晚秋蚕结束后，立即喷布20%速灭杀丁乳油4 000倍液等拟除虫菊酯类杀虫剂。

若虫放大

晚秋桑叶蝉暴发加速桑叶老化

73

67. 凹缘菱纹叶蝉

学名 *Hishimonus sellatus* Uhler，属同翅目，叶蝉科。俗称绿头菱纹叶蝉。

【分布与为害】 分布于浙江、江苏、山东、安徽、四川、重庆、广东、广西、江西、福建等地。若虫、成虫刺吸桑叶汁液，使叶质下降，它还是桑萎缩病病原的介体昆虫。

【形态特征】 成虫体长2.8～3.4毫米，黄绿色。前翅灰白色半透明，两翅交界处有大的三角形灰褐色斑，两翅合拢后成菱形状纹，菱形状纹中有前后排列的3个淡色斑。卵长椭圆形，稍弯曲，一端尖略似茄子形，长1.5毫米。若虫体短，尾部尖削，翅芽黄褐色。

【发生规律】 山东每年发生3代，少数4代，以卵在桑树1年生枝条上部的皮层内越冬。越冬卵5月中旬为孵化盛期，5月下旬见成虫，6月下旬至7月上旬第二代若虫孵化，7月上中旬第二代成虫羽化，8月上中旬第三代若虫孵化，8月下旬至9月上旬成虫羽化，第三代成虫大多产越冬卵，只有一少部分能够完成第四代。在江苏、浙江、安徽每年发生4代，越冬卵4月下旬孵化，2～4

成虫及为害状

代孵化时间分别为6月中旬至7月上旬，8月下旬，9月上旬至10月下旬。该虫第一代若虫喜密集在桑树上，至5月下旬羽化，遇桑树夏伐收获，常大量迁飞至大豆、绿豆等作物，完成2、3代。若虫喜欢在幼嫩植株上取食，当

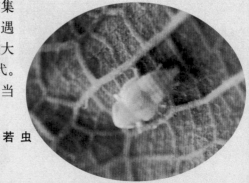

若 虫

74

这些作物老化时，又迁往芝麻、杂草等3、4寄主上。秋末第四代成虫陆续迁回桑树上产卵。越冬卵卵痕隆起明显。夏、秋季高温干旱有利于繁殖。

【防治方法】　①桑树冬季剪梢除卵。②夏蚕结束后，喷洒50%辛硫磷乳油2 000倍液或40%毒丝本乳油1 500倍液。③蚕期如需防治，喷洒40%乐果乳油1 500倍液。④用频振式杀虫灯诱杀成虫。⑤晚秋蚕结束后，立即喷洒20%速灭杀丁乳油4 000倍液等拟除虫菊酯类杀虫剂。

68.桑拟菱纹叶蝉

学名 *Hishimonoides sellatiformis* Ishihara，属同翅目，叶蝉科。俗称红头菱纹叶蝉。

【分布与为害】　华东、华中、华南、西南各蚕区有分布，是桑萎缩病病原的介体昆虫，传毒率高于凹缘菱纹叶蝉。刺吸桑树汁液，使叶质下降。

【形态特征】　成虫体长4.4~5毫米，浅黄色，头部暗红色。前翅后缘中央各具一块黄褐色三角形斑纹，两翅合拢时呈菱状纹，纹中有呈"品"字形排列的3个淡色斑。若虫较凹缘菱纹叶蝉长，背面黄褐色，腹面红色。

【发生规律】　江浙地区每年发生4代，以卵在1年生枝条的木栓层内越冬。翌年越冬卵于4月下旬孵化，5月中下旬羽化为成虫；第二代6月上中旬产卵，6月下旬至7月上旬羽化；第三代于7月中下旬产卵，7月下旬至8月上旬孵化，

成　虫

8月中下旬羽化；第四代于8月下旬至9月上旬产卵，9月中旬孵化，10月中旬成虫产卵越冬。该虫食性单一，仅为害桑树。夏、秋季高温干旱有利于繁殖。

【防治方法】 一般不需单独防治，如需防治参照凹缘菱纹叶蝉。

枝条上的产卵痕

69.大青叶蝉

学名 *Tettigella viridis* Linnaeus，属同翅目，叶蝉科。

【分布与为害】 全国各蚕区均有分布，偏北、偏西密度较高。成虫和若虫在桑叶背面刺吸汁液，使叶面出现角斑。雌成虫晚秋在桑树枝条皮层内产卵，损伤枝条。

【形态特征】 成虫体长7.2～10.1毫米，青绿色。卵香蕉状。若虫共5龄，3龄时呈黄绿色，出现翅芽，5龄时体长7毫米左右。

【发生规律】 苏北、山东及其以北地区一年发生3代，以卵在枝干皮层下越冬。翌年4月越冬卵孵化为若虫。若虫孵化后即在杂草上或桑园周围的农作物上为害。到9月下旬，大多数植物开始枯萎，成虫便飞向菜地为害，到10月中下旬飞向桑园，在枝条上产卵。成虫寿命45天左右，趋光性极强。

成虫

产在枝干皮层下的卵放大

76

【防治方法】 参考凹缘菱纹叶蝉。

桑树枝干皮层受害状

70.绿盲蝽

学名 *Lygus lucorum* Meyer-Dur，属半翅目，盲蝽科。

【分布与为害】 分布于长江、黄河流域桑棉、桑麻混栽区及四川、广东、广西等地。该虫刺吸桑树幼芽嫩叶，使桑叶皱缩、穿孔、破碎和畸形，也可使桑树止心。食性杂。

【形态特征】 成虫体长约5毫米，绿色。前胸背板深绿色，上有刻点，前翅革质大部为绿色，膜质部分为淡褐色。卵长约1毫米，长袋形，黄绿色，稍弯曲，卵盖乳黄色，无附着物。若虫绿色，共5龄，3龄翅芽出现，5龄翅芽达第五腹节。

【发生规律】 江浙每年发生5代，江西6~7代。以卵在棉花、苜蓿、桑树、蓖麻、木槿等10余种植物枯桩断面的髓部等处越冬，霉软的桑条剪口上卵量尤多。翌年春3~4月旬均温高于10℃，相对湿度高于70%时开始孵化。成虫寿命长，飞行力强，产卵期30~40天，世代重叠。棉、麻、桑混栽区发生多，受害重。捕食性天敌有蜘蛛十几种及南方小花蝽、华姬猎蝽、大眼长蝽、大草蛉等，卵内寄生蜂有点脉缨小蜂、盲蝽黑卵蜂等。

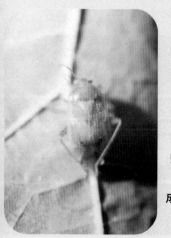

成虫

【防治方法】 ①3月前越冬卵未孵化时剪除有卵"剪口"。②第一代幼虫孵化高峰后2天（正值桑芽鹊口期），可喷施80%敌敌畏乳油1 000倍液，或50%乙酰甲胺磷乳油1 000倍液。

桑叶被害状

71.朱砂叶螨

朱砂叶螨学名*Tetranychus cinnabarinus* Boisduval，属蛛形纲，蜱螨目，叶螨科。

【分布与为害】 全国各蚕区均有发生，江苏、浙江、四川及山东等省发生严重。幼螨、若螨、成螨均群集在叶背吸食汁液，使桑叶失绿变黄褐色，甚至干枯脱落。

【形态特征】 雌成螨体长0.48~0.5毫米，椭圆形，锈红色或深红色，体背两侧各有1对黑斑。雄成螨体长0.35毫米，宽0.2毫米，前端近圆形，腹末稍尖，体色较雌成螨淡。卵球形，淡黄色。

【发生规律】 朱砂叶螨在江浙蚕区每年发生19~20代，在华北地区1年发生约10代，均以受精雌成螨在土缝、树皮裂缝等处越冬。翌年3月份平均气温达7.7℃以上时开始出蛰取食与产卵。先在附近的寄主上繁殖，4月份后移至桑叶上

朱砂叶螨雌成螨与卵

78

为害。世代重叠现象严重。该螨发育最适温为25℃~30℃，最适相对湿度为35%~55%，因此7~8月份繁殖迅速，若遇干旱，则暴发成灾。10月中下旬雌成螨经交配后寻找场所越冬。螨类的天敌有草蛉、食虫蝽类、六点蓟马、捕食螨等30余种。

【防治方法】 ①冬季清洁桑园。②夏蚕结束后，桑园立即喷洒40%毒丝本乳油1 500倍液或30%乙酰甲胺磷乳油1 000倍液。③7~8月份为害期单治叶螨时，应选用对叶螨天敌杀伤力小的选择性杀螨剂，如20%扫螨净可湿性粉剂，也可选用73%克螨特乳油3 000倍液，或15%扫螨特1 500~2 000倍液，或30%螨蚜威乳油1 500倍液，或10%除尽乳油2 000倍液。各种杀螨剂应交替使用，以减少叶螨抗药性。④栽植抗螨桑品种农桑系列。

朱砂叶螨在桑树梢端结的丝网

桑叶被害状

72. 桑 粉 虱

学名 *Pealius mori* Takahashi，属同翅目，粉虱科。俗称小白蛾。

【分布与为害】 全国各蚕区都有分布，在许多地方是桑树的主要害虫之一。若虫固定在桑叶嫩叶背面刺吸汁液，降低叶质甚至引起叶片枯萎。同时排泄蜜露污染桑叶，易诱发煤污病。食性杂。

【形态特征】 成虫雌体长1.2毫米，体黄色，上覆白粉。翅乳白色，具1条黄色翅脉。卵长0.2毫米，圆锥形，黑褐色。若虫体长0.25毫米，扁椭圆形，浅黄色，有蜡质物覆盖体上。蛹长0.8毫米，扁椭圆形，复眼红色，背面乳白色。

桑粉虱成虫

【发生规律】 在江苏每年发生8代左右，以蛹在落叶背面越冬。5月上旬即出现成虫为害嫩叶，末代若虫11月上旬开始化蛹越冬。该虫卵期3~6天，若虫期21~28天，蛹期7天，成虫寿命3~6天。成虫喜欢把卵产在新梢嫩叶背面，每雌虫平均产卵30粒。该虫喜湿，不通风、透光差的密植园和苗圃地受害重。

【防治方法】 ①成虫盛发期用黄色胶板诱杀。②冬季清洁桑园。③因成虫、若虫的体表有白色蜡粉，喷药不易粘着，因此药杀时应选用内吸剂或油乳剂，如喷50%杀螨隆乳油2 000倍液，或10%扑虱灵乳油或20%地亚农或40%氧化乐果1 000倍液。尤

若虫放大

秋末落叶背面的越冬蛹

其要注重夏伐后的"白拳治虫"，以及7~8月份防治3次高峰虫。④晚秋蚕结束后，立即用20%杀灭菊酯乳油8 000~10 000倍液进行越冬防治。

73.桑 虱

学名 *Drosicha corpulenta*（Kuwana），属同翅目，蛛蚧科。又名草履蚧、日本履绵蚧。

【分布与为害】 全国各蚕区大都有分布。春季若虫密集于1年生枝条上，吸食汁液，使桑芽枯竭。食性杂。

【形态特征】 雌成虫无翅，椭圆形，背面隆起多皱纹，体长11~13毫米，赭色。雄虫体长约4毫米，紫红色，前翅黑色。卵椭圆形，黄白色，卵囊扁长筒形，白色棉絮状。若虫似雌成虫，体较狭小。预蛹背面赭红色，边缘黄色，蛹体暗红色。茧白色，蜡质，长椭圆形，常聚集一起呈棉絮状。

【发生规律】 每年1代，以卵在土中越冬。江浙地区2月中旬前后孵化，桑芽萌发前后爬到1年生枝条上为害。雄虫在4月下旬经2次蜕皮后成预蛹，在枝干裂隙做茧化蛹，5月上旬羽化。雌虫经3次蜕皮后，在5月上旬羽化为无翅成虫，继续为害桑树，交尾后入土中产卵。

雌成虫

雄成虫

【防治方法】 ①用粗布、丝瓜络抹杀若虫。②早春桑树发芽前或桑虱低龄阶段喷洒50%辛硫磷乳油1 000倍液（加入1%中性洗衣粉能明显提高药效）。③桑芽脱苞到开放 2～3 叶时，可喷洒 60% 毒死蜱乳油 1 500 倍液。④保护红缘瓢虫、大红瓢虫等天敌，它们 5 月份最多，打药时避开此期。

桑枝被害状

74. 桑梢小蠹虫

学名 *Cryphalus esignus* Blandford，属鞘翅目，小蠹虫科。

【分布与为害】 全国大部分蚕区都有发生，河北、山东受害较重。成虫、幼虫蛀食枝条韧皮部和木质部边材，阻碍或中断营养供应，使树势不旺甚至枝（干）枯死。越冬前成虫在芽及叶痕上蛀食，使冬芽仅存鳞片，早春亦可将芽基吃空。

【形态特征】 成虫体长1.5～1.8毫米，椭圆形，体黑色。成长幼虫体长 1.7 毫米左右，圆筒形，淡黄色。

【发生规律】 河北、山东及其以南每年发生3代，以成虫在枝条坑道内越冬。越冬成虫3月底开始蛀孔为害，随后交配产卵。卵产于母坑道内。因产卵期较长，出现世代重叠现象。孵化的幼虫从母坑道内向外蛀食，形成由细到粗的菊花状子坑道。各代成虫的盛羽化期为 6 月中旬、8 月上中旬和9月中下旬。9月下

成虫放大

82

旬至10月上旬大批成虫经补充营养迁至活树上越冬。少雨干旱年份发生较多。

【防治方法】　①冬季修除枯死的枝、拳、干并将其烧毁。②桑园附近不堆放桑条、桑柴。③利用该虫有趋半枯枝产卵的习性，选用无小蠹虫的半枯枝7、8根为1束，在该虫产卵前捆在树上作饵，诱集成虫产卵，后收集烧毁。④早春桑树发芽前和晚秋蚕结束后，当该虫在枝干蛀食尚未全部进入孔穴时，用30%乙酰甲胺磷乳油1000倍液喷洒。

在树皮下为害的小蠹幼虫及形成菊花状子坑道

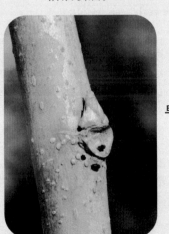

早春将芽基蛀空

冬芽和枝条被害状

75.桑白盾蚧

学名*Pseudaulacaspis pentagona* Targioni-Tozzetti，属同翅目，盾蚧科。别名桑白蚧、桑盾蚧、桑介壳虫。

【分布与为害】　分布于国内各蚕区。若虫和雌成虫刺吸枝干的汁液，削弱树势，重者逐渐枯死。食性杂。

【形态特征】　雌雄异型。雌成虫介壳笠帽形，直径 2～2.5 毫米，白、黄白或灰白色，壳点 2 个，偏边。虫体陀螺形，长 1 毫米左右，淡黄至橘红色。雄成虫介壳长形，长约 1 毫米，白色。虫体橙黄色，长约 0.7 毫米，具有勺子状膜质透明的翅。卵白色和红色，椭圆形。若虫椭圆形，初孵若虫有足和 1 对红色眼点，触角 5 节，2 龄起足和触角消失。

雌成虫介壳

【发生规律】　西北、华北 1 年 2 代，山东、江苏、浙江、四川 1 年 3 代，华南 5 代，均以末代受精雌成虫在枝干上越冬。卵产于介壳下，浙江 1 年 3 代的产卵时间分别为 4 月中下旬、7 月上旬和 8 月下旬。初孵若虫靠足爬动，蜕 1 次皮后足消失，开始固定生活，并逐渐分泌蜡质形成介壳。

【防治方法】　①冬、春季节人工刮除枝、干上的虫体。②若虫孵化盛期喷洒 10% 吡虫啉 1 500～2 000 倍液或花保 100 倍液或蚧螨灵 100 倍液（注意药物有毒，蚕期勿沾到桑叶上），或喷洒 40% 氧化乐果乳油或 50% 辛硫磷乳油 800～1 000 倍液。

为害状

雌成虫与卵（白色卵孵化雄虫，红色卵孵化雌虫）

76.桑蛀虫

学名 *Paradoxecia pieli* Lieu，属鳞翅目，透翅蛾科。

【分布与为害】 分布于江苏、浙江、四川、贵州、云南等蚕区。幼虫蛀食1年生桑枝，受害枝长势衰弱，叶小而薄，蛀孔附近春芽多枯死。

【形态特征】 雌成虫体长13~16毫米，雄虫略小，均深酱色。静止时两翅竖起似胡蜂。末龄幼虫体长33~45毫米，圆筒形，黄白色。

【发生规律】 每年发生1代，以未成熟幼虫于10月下旬开始在枝条中越冬。翌年3月中旬开始活动，5~6月老熟幼虫化蛹，蛹期30天左右。6月下旬为产卵盛期，卵产于叶背主脉旁。卵经10~20天孵化，幼虫由叶柄基部蛀入枝内，在木质部向下蛀食。枝条粗长的桑园发生少。

【防治方法】 ①加强桑园肥培管理，促进枝条粗壮。②剪除幼虫未入桑拳的虫枝。③桑树实行春伐或提早分批夏伐，虫害严重区最好齐拳剪伐。④7月上旬后，幼虫刚蛀入新枝皮层时，用小刀刮去皮层或刺死幼虫。⑤5月下旬搜寻羽化孔，用粘土填塞或用竹片破坏孔口。

成虫(左)、卵(中)、蛹(右)

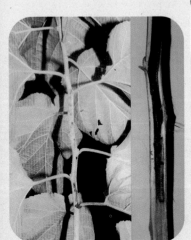

枝条被害状及虫道内的幼虫

77.桑天牛

学名 *Apriona germari* Hope，属鞘翅目，天牛科。别名桑粒肩天牛。

【分布与为害】　全国各蚕区均有分布，是桑树枝干的主要害虫。成虫啃食嫩枝皮层，易造成枝条枯死或折断；幼虫蛀食枝干，甚至蛀入根部，轻则桑树发育不良，重则全株死亡。该虫还为害苹果树、梨树、杨树、柳树等多种果树和林木。

【形态特征】　成虫体长36~48毫米，全身底色黑，密生暗黄色茸毛，侧刺突粗壮，鞘翅基部密布颗粒状突起。老龄幼虫体乳白色。

【发生规律】　山东多数3年1代，少数2年1代，江苏、浙江、四川2年1代，广东根刈桑1年1代，均以幼虫在枝干虫道内越冬。在江浙，幼虫经2次越冬，于6月初化蛹，6月下旬羽化，7月上中旬产卵，7月下旬孵化。8月上旬以前产卵孵化的幼虫，当年蛀食，8月底以后产的卵，孵化后当年不蛀食，幼虫在产卵穴内越冬。成虫产卵前在1年生枝条基部5~10厘米处咬一个"U"形刻槽，每槽产卵1粒。卵期约15天。幼虫孵出后先在韧皮部与木质部之间向上蛀食约10厘米，然后蛀入木质部，转向下蛀食成直蛀道，每隔5~6厘米向外蛀1排粪孔。主

成虫啃食枝条皮层

要天敌是桑天牛啮小蜂，卵寄生率可达40%以上。

【防治方法】　①捕捉成虫。②发现产卵刻槽，及时捅破卵粒或刺杀幼虫。也可用敌敌畏10~20倍液涂抹产卵刻槽。③蛀入木质部的幼虫，可用洗耳球或将喷雾器的喷头改装成注射针头向最下一个排粪孔灌注80%敌敌畏乳

产卵刻槽及槽内卵放大

油150～200倍液，或灭蛀灵200倍液。也可用20%氰戊菊酯（速灭杀丁）400倍液拌细土调成糨糊状药膏，将药膏1毫升挤入最下一个经扩大的排粪孔深处。④向新鲜排粪孔注入少许花生油，诱导蚂蚁咬死天牛幼虫。⑤栽植抗天牛桑品种新一之濑、大种桑、湖桑7号等。

产卵刻槽内的幼虫

老龄幼虫

78.桑虎天牛

学名*Xylotrechus chinensis* Chevrolat，属鞘翅目，天牛科。别名虎天牛、虎斑天牛。

【分布与为害】 分布于辽宁、山东、江苏、浙江、安徽、湖北、四川、重庆、广东、广西、云南等蚕区。幼虫蛀食桑树韧皮部和木质部，形成隧道，皮层龟裂，隔断营养水分的传导，削弱树势，重者部分或全株死亡。

【形态特征】 成虫体长16～28毫米。前胸背板近球形，有横条纹，鞘翅上有3条黑色和3条黄色相间的斜带谓之虎斑，是其特征。幼虫淡黄色，头小，隐匿在膨大的第一胸节内。

【发生规律】 3年发生2代，以幼虫越冬。越冬幼虫，5～6月化蛹，6月下旬至7月上旬为羽化盛期，产卵于树干缝隙及裂口内，7～20天后孵化，初孵幼虫在枝干形成层迂回蛀食，随着龄期增大，向下蛀食韧皮部及木质部（每隔一定距离向外蛀一粟粒大小的通气孔），11月上旬开始越冬，翌年越冬幼虫继续蛀食为害至7月下旬，8月间羽化，完成1个世代约14个月。而此成虫产卵孵化的幼虫到冬季才2龄前后，需经2次越冬，完成1个世代约需22个月。

【防治方法】 ①6～7月间捕杀成虫。②在桑树发芽前和夏伐后用刀挑开隧道外树皮刺杀幼虫。③及时挖除枯死株，并在5月下旬前烧毁。④被害部喷洒50%杀螟松乳油50倍液或灭蛀灵200倍液。

桑虎天牛成虫

蛹

桑树主干被害状

79.黄星天牛

学名 *Psacothea hilaris* Pascoe，属鞘翅目，天牛科。

【分布与为害】 分布于浙江、江苏、安徽、江西、四川、重庆、云南、广东、广西等蚕区。幼虫蛀食桑枝干皮层，受害桑枝干细短，甚至枯死。

【形态特征】 成虫体长15～23毫米，体黑色，密生黄白色毛。雄虫触角约为体长的3倍。前胸两侧各有1条黄色纵条纹。鞘翅上有十多个大小不一的黄色斑点。

【发生规律】 浙江、江苏每年发生1代。以幼虫在枝干蛀食部越冬，翌年3月中旬开始活动，6月上旬化蛹，7月上旬羽化，成虫羽化后先在梢端食害桑叶及嫩枝皮层，15天后开始产卵，卵多产于直径30 45毫米的枝干皮下，产卵穴指甲形。幼虫孵出后即在皮下蛀食，方向不定，排泄物充塞在皮下蛀空处。11月上旬开始越冬。

【防治方法】 参考桑虎天牛。

成 虫

80.云斑天牛

学名 *Batocera horsfieldi* Hope，属鞘翅目，天牛科。别名多斑白条天牛、白条天牛等。

【分布与为害】 分布遍及全国。幼虫蛀食中、高干桑树主干，削弱树势，重者死亡。

【形态特征】 成虫体长34～61毫米，黑褐色，密被灰褐色茸毛。鞘翅上有白色或浅黄色茸毛组成的云片状斑纹多个，翅基有颗粒状瘤突。复眼后方至腹末节的体两侧有白色茸毛组成的宽纵带1条。卵椭圆形，一端略细，长约8毫米。

【发生规律】　2～3年1代，以幼虫或成虫在蛀道内越冬。越冬成虫于5～6月间咬羽化孔钻出树干，补充营养、交配和产卵。卵产于蚕豆粒大小的椭圆形刻槽上方，以距地面2米内的主干着卵为多。6月中旬进入孵化盛期，初孵幼虫把皮层蛀成三角形蛀道，木屑和粪便从蛀孔排出，致使树皮外胀纵裂。后蛀入木质部，隔一定距离向外蛀一通气排粪孔。越冬后，翌年4月继续活动，8～9月间老熟幼虫化蛹，蛹期20～30天，羽化后越冬于蛹室内，第三年5～6月份出树。3年1代者，第四年5～6月份成虫出树。

【防治方法】　参考桑天牛。

成虫

成虫啃食树皮

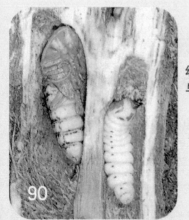

幼虫（右）
与蛹（左）

羽化

90

成虫咬孔羽化
从树干中钻出

81. 黄天牛与次黄筒天牛

黄天牛学名 *Oberea fuscipennis* Cherrolat，次黄筒天牛学名 *Oberea infrotestocea* Pic，均属鞘翅目，天牛科。

【分布与为害】 分布于浙江、江苏、四川等省。它们的幼虫都蛀食桑树枝条，多数成虫食害桑叶。

【形态特征】 黄天牛成虫体长约25毫米，黄褐色，鞘翅狭长。次黄筒天牛成虫体长18～20毫米，体橙黄色，鞘翅基部橙色，其余暗褐全黑褐色。

【发生规律】 2种天牛均2年发生1代，以幼虫在桑树枝干内越冬。次黄筒天牛在江苏老熟幼虫5月上中旬化蛹，6月20日是羽化高峰期。成虫出孔不久即交配产卵，卵产于嫩枝皮下，产卵前先在嫩枝上咬2道近环状伤痕，将卵产于环沟之间，2天后卵痕以上叶片凋萎。卵经13天左右孵化，幼虫蛀入枝条髓部，致使嫩枝枯死。枝短的越冬前可蛀食到枝条基部或入拳，在皮层与木质部交界处蛀食。老桑，管理粗放，尤其是冬季整株修剪差的桑园2种天牛发生较重。

【防治方法】 ①捕捉成虫。②刺杀卵及幼虫。③在天牛幼虫尚未入拳前结合桑园

黄天牛成虫

管理及早剪除有虫枝条。④在幼虫活动期用80%敌敌畏乳油30倍液涂干。

次黄筒天牛成虫

82. 堆 砂 蛀

学名*Athrypsiastis salva* Meyrick，属鳞翅目，木掘蛾科。

【分布与为害】 分布于江苏、浙江、四川、贵州等省的老桑园中。幼虫在桑拳切口四周蛀食，并向木质部蛀食成长短不一的孔道，使树势衰败。

【形态特征】 成虫体长8~10毫米，周身银白色。卵球形，乳黄色。成长幼虫体长约15毫米，黄白色，头红褐色，前胸硬皮板黑褐色，全身有10条赤豆色纵纹，各节有许多酱褐色毛片，并有黑点6个，其上着生褐色细毛。

【发生规律】 1年1代，以幼虫在被害枝或桑拳内越冬。6月底7月初化蛹，7月上旬羽化。幼虫吐丝粘缀木屑、虫粪形成虫巢，形如堆砂。虫巢一般长3厘米左右，一端与蛀孔相连，另一端较粗，粘附于树皮上。平时幼虫潜伏于虫道内，日中取食时爬出，在虫巢掩护下剥食树皮与桑芽。夜间爬上枝条食害桑叶。一般管理粗放、树龄较老或树势衰弱的桑树发生较重。

【防治方法】 ①加强桑园管理，促使桑树生长健壮。②在桑拳或枝干上剔除虫粪后，用50%杀螟松50倍液或其他农药灌入虫道内药杀幼虫。

桑树被害状

83.桑根瘿蚊

学名 *Diplosis fasciata* Niwa，属双翅目，瘿蚊科。别名黄瘿蚊。

【分布与为害】 分布于贵州、四川、安徽、浙江、江西等省。幼虫在桑苗、幼桑根颈部向表皮与形成层间钻蛀，使受害处溃烂。

【形态特征】 成虫体长2~2.5毫米，翅上密生黄色软毛，并有多个褐斑。卵长椭圆形微弯，乳白色。幼虫体长2.5~3毫米，蛆状，幼龄幼虫白色，老熟幼虫橙红色。

【发生规律】 每年发生2代，以第二代老熟幼虫在桑苗根颈部越冬。翌年3月中旬开始活动，4月下旬化蛹，5月上旬始见成虫。第一代幼虫5月中旬出现，7月上旬化蛹，7月中旬开始羽化。第二代幼虫7月中旬末出现，11月后越冬。

【防治方法】 ①用50%辛硫磷乳油或80%敌敌畏乳油或40%氧化乐果1 000倍液顺桑苗干浇根，于5月下旬至6月上中旬防治第一代幼虫，也可于9月或翌年4月防治越冬代幼虫。低龄幼虫浇1次即可，老龄幼虫浇2次，间隔3~5天。②该虫化蛹后羽化前在寄主基部培土，使成虫不能顺利羽化出土。

幼虫(右)、蛹(中)及茧

桑根受害状

93

桑 蚕 病 害

该病又称细胞核多角体病或核型多角体病,是各地普遍发生和危害最重的蚕病。

【症 状】 各龄蚕均会发生,以5龄中期到老熟前后发生最多。病蚕后期都表现狂躁爬行、体色乳白、体躯肿胀、体壁易破等典型症状。由于蚕的发育阶段不同,除了上述典型症状外,还会出现:①眠前发病体壁发亮的不眠蚕。②起蚕时发病皮肤多皱的起缩蚕。③4、5龄期食桑1~2天后发病节间膜隆起的高节蚕。④上蔟前发病环节中间肿胀的脓蚕。另外,蛹期发病易破裂,流出乳黄色脓汁,污染茧层。

发现上述症状,撕开蚕的体壁见有乳白色脓汁流出,即可确诊为本病。

【病 原】 学名*Bombyx mori Nuclar Polyhedrosis Virus*,属杆状病毒科,杆状病毒属,家蚕细胞核多角体病毒种,简称NPV。病毒粒子呈杆状,它可以在蚕体内除中肠组织外的几乎所有组织细胞内寄生增殖,并形成病毒粒

二眠前发病的不眠蚕

5龄食桑1~2天
后的高节蚕

子的包涵体——多角体。多角体可以用普通光学显微镜观察。

【发病规律】 该病在生产上以经口传染为主，因为多角体污染桑叶，健康蚕食下被污染的桑叶即感染发病。野外昆虫如野蚕、桑螟患本病，可以交叉感染家蚕。多角体被蚕食下后，在碱性消化液的作用下释放出病毒粒子，病毒粒子通过肠壁细胞进入体腔，寄生于血细胞、真皮细胞、脂肪体细胞、气管皮膜细胞，在细胞核内增殖，形成新的病毒粒子和多角体，导致整个细胞破裂，多角体和细胞碎片

5龄后期的高节蚕

游离于休腔中，最终皮肤破裂，流出脓汁。从感染到发病，稚蚕期2～3天，壮蚕期4～6天。蚕龄愈小、愈易感染，大蚕期相对较抗病；在同一龄期内，起蚕易感染，随食桑时间的延长，抵抗力逐渐增强；长期饲喂过嫩、过老或叶质差的桑叶易发病；经过饥饿，尤其是在壮蚕期遇到高温闷热时的饥饿，抗病力大为下降。

【防治要点】 ①实行小蚕集体共育或小蚕专室专具饲养。②养蚕前用福尔马林石灰浆、消特灵、蚕用消毒净或保利消等，对蚕室蚕具连同周围环境进行彻底消毒。养蚕中用新鲜石灰粉等做好蚕体蚕座消毒。③饲养中注意分批提青，及时淘汰迟眠蚕和弱小蚕，妥善处理好病死蚕。④各龄用桑，尤其是各龄饷食用桑用消毒净1000倍液或保利消（主剂）250倍液或0.5%～1%石灰浆进行叶面喷洒消毒。⑤添食克毒灵及抗生素。⑥及时消灭桑园害

脓 蚕

虫，防止交叉感染。⑦养蚕中注意通风换气，防闷热。⑧桑园施用有机肥，防止偏施氮肥，勿用过嫩叶喂蚕。

病蚕血液浑浊呈乳白色

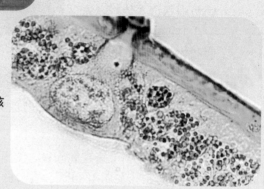

病蚕真皮细胞核中的多角体

85.中肠型脓病

又称细胞质多角体病或质型多角体病。

【症　状】　该病病势缓慢，病程长，食桑和行动不活泼，群体发育严重不齐，大小相差悬殊。个体症状常表现以下3种：①大蚕期发病食欲减退、渐至停食的空头蚕。②饷食后发病体壁多皱的起缩蚕。③粪色呈褐色、绿色乃至白色的下痢蚕。

撕开空头或落小蚕的腹部体壁观看中肠，健康蚕中肠充满桑叶碎片，整个中肠绿色透明，而病蚕中肠后部出现乳白色肿胀病变，且肠壁增厚，失去透明性。显微镜检查，取病蚕中肠后半部组织小块，置于载玻片上，加盖玻片后轻轻挤压，于600倍显微镜下观察，若有很多折光性较强的四角形或六角形大小不等的多角体，即可确认为本病。

【病　原】　学名*Bombyx mori* cytoplasmic polyhedrosis Virus,

属呼肠孤病毒科，家蚕细胞质多角体病毒，简称家蚕CPV。质型多角体是病毒的包涵体，有六角形和四角形2种。

病蚕体色发黄，大小不齐

【发病规律】 本病的传染途径主要是经口传染。进入蚕消化道的多角体被碱性消化液溶解，释放出病毒粒子，病毒侵入中肠圆筒细胞，在细胞质中形成新的病毒和多角体，最终导致细胞破裂或脱落，多角体和游离病毒随粪便排出体外成为新的传染源。病蚕尸体、粪便和吐出的消化液，都含有大量的病毒，遭受污染的桑叶、蚕室、蚕具、蔟具及周围环境，是本病的主要传染源。桑园害虫野蚕、桑螟、美国白蛾等能与家蚕交叉感染。蚁蚕抗病力最弱，随着龄期的增加而抗病力增强；在同一龄期内，起蚕时抵抗力最弱，盛食期最强，将眠时抵抗力又下降；喂饲长时间贮存劣质桑叶，蚕的抵抗力下降；夏秋季高温、干燥桑叶萎凋，或是高温、多湿及蚕座蒸热，造成蚕的生理障碍，也会降低蚕的抵抗力。

【防治要点】 ①蚕室蚕具消毒、蚕体蚕座消毒同血液型脓病。除沙后用氯制剂对蚕室地面喷雾消毒。②剔除病蚕。严格分批提青，淘汰迟眠蚕和落小蚕。③蚕期添食菌立克、克菌灵（盐酸环丙沙星）等抗生素。④及时消灭桑园害虫。

病蚕排软粪甚至白色粪

病蚕空头，常静伏于
蚕座边缘或残桑中

病蚕中肠与健蚕中肠比较

轻症蚕　　　重症蚕

健康蚕

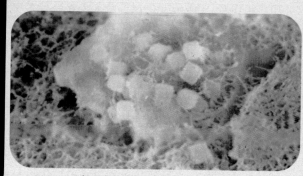

病蚕中肠内壁破裂溢出多角体

86. 浓核病

【症　状】　该病也是一种慢性病，患病群体发育不齐，个体间相差较大。感染初期无外观症状，随着病情的进展，表现为食欲减退，行动缓慢，严重时完全停止食桑，常爬至蚕座四周，头胸昂起，呈明显的空头症状。饷食后1～2天发病的表现为起缩。发病后期排软粪，有时下痢，排出褐色液体。撕开体壁，可见中肠壁薄而透明，桑叶碎片很少，而是充满黄褐色液体。死后尸体软化腐烂。

【病　原】　学名*Bombyx mori* Denso Nuclopsis Virus，属细小病毒科，浓核病毒属，简称DNV。病毒粒子球形，是不形成多角体的裸露病毒。

【发病规律】　该病为经口食下传染，蚕食下浓核病毒污染的桑叶，即引起感染发病。病毒寄生于蚕的中肠圆筒形细胞的核内，病毒增殖到一定程度时，核膜乃至整个细胞崩溃，病毒散落于肠腔中，随粪便排出体外。死蚕及烂茧中也有大量病毒存在。另外桑园害虫如桑螟也患该病，病虫粪便、尸体污染桑叶，也是该病发生的主要传染源。蚕品种之间抗病力不同，有的品种对该病有先天免疫性；在同一品种中，随着蚕龄的增长抗病力也增强；在同一龄期中，起蚕抗病力最弱，随着食桑而迅速增强；高温和不良的叶质均会导致蚕的抗病力减弱。

【防治要点】 选用抗病蚕品种是预防本病的有效方法。其他防病措施参照中肠型脓病。

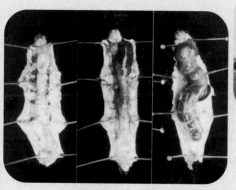

中肠型脓病重症蚕（左）、浓核病蚕（中）、健康蚕（右）

病蚕全身半透明，常爬至蚕座四周，头胸昂起

87. 细菌性败血病

【症状】 蚕在传染之初，停止食桑，体躯挺伸，接着胸部膨大，少量吐液，排出软粪或连珠状粪，最后痉挛侧倒死亡。不久尸体逐渐软化变色。病原菌不同，尸体变色各异。①黑胸败血病。先是胸部背面出现墨绿色尸斑，尸斑迅速扩展至前半身乃至全身变黑，尸体腐烂，流出黑褐色污液。②灵菌败血病。往往体壁上出现黑褐色的小圆斑点，继而全身变红色，尸体腐烂，流出红色污液。有的尸体不出现红色，而呈污褐色。③青头败血病。是在蚕的胸部背面出现一块褐绿色大尸斑，尸斑下形成淡褐色水泡，体液浑浊，呈土灰色，流出的污液恶臭。④链球菌败血病。尸体大多呈灰黑色。

蛹期发病时死亡迅速，稍经振动即流出黑色或红色污液。链球菌引起的败血蛹，则发病缓慢，背脉管渐变黑褐色，然后遍及全身，蛹体不迅速腐烂。

蛾期发病，尸体软化，翅易脱落，在节间膜或鳞毛脱落处透现黑褐色或红色，腹部易腐烂液化，只剩头、胸和翅。

【病　原】　黑胸败血病菌学名 *Bacillus* sp，沙雷铁氏菌学名 *Serratia marcescens* Bizic，俗称灵菌；青头败血病菌学名 *Aeromanas* sp，粪链球菌学名 *Streptococcu feacplia*。

【发病规律】　创伤传染。该病的病原细菌都是腐生细菌，广泛分布于自然界和养蚕环境中。病原细菌侵入蚕的体液后，大量繁殖，一般在感染后的24小时内发病死亡。天气高温多湿，湿叶贮存，桑叶发酵腐烂，大蚕蚕座过密，饲育和制种中操作粗放导致蚕、蛹、蛾创伤增多，都会加速病原细菌的繁殖和侵入。

黑胸败血病

【防治要点】　①做好蚕室、蚕具消毒和蚕期卫生管理。②蚕头适当稀放，各项技术操作仔细，减少蚕、蛹创伤。③适时添食抗生素，对防治本病有良好效果。

灵菌败血病

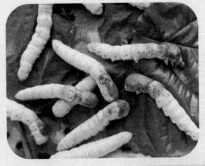

青头败血病

黑胸败血病蛹(左)、黑胸败血病蛾(中)、灵菌败血病蛾(右)

88. 猝 倒 病

又称细菌性中毒症，是蚕食下细菌伴孢晶体毒素引起的中毒性蚕病。

【症　状】　本病依据蚕食下毒素量的多少，区分为急性中毒型和慢性中毒型2种。①急性中毒时，蚕食桑突然停止，头胸昂起，渐见胸部稍肿胀、空头，进而头胸内弯呈钩嘴状，有时吐液，尾部空虚稍向内弯，最后腹脚失去抓着力而侧倒死亡，死后尸体很快松软。②当蚕食下毒素较少时，则出现慢性中毒症状，即3～4天逐渐食桑减退至停止食桑，平伏蚕座，体躯生长发育极度迟缓，以后在消化

病蚕尸体（猝倒、伸直、体色不变）

管的中后部出现病灶，手触该部位可感觉到粪结状硬块，硬块后端空虚，肛门口常粘附有红褐色污液。患猝倒病的蚕刚死时体色正常，尸体柔软，半日后从胸腹交界处的环节开始变色，向头尾扩展，直至全身变黑腐烂。

【病　原】　学名*Bacillus thuringiensis Var sotto* Ishiwata，属芽孢杆菌科，芽孢杆菌属，苏云金杆菌猝倒变种，简称猝倒杆菌。菌体内形成芽孢和伴孢晶体，晶体呈有内毒素，另外该菌也分泌外毒素。

死后尸体松软

【发病规律】　当猝倒杆菌的毒素被蚕食下后，在碱性消化液的作用下溶解，肠壁吸收后分布于全身，破坏蚕的神经传导机能，致蚕全身麻痹而死亡。猝倒菌是兼性寄生菌，主要传染源有桑尺蠖、桑螟、桑毛虫以及病蚕，它们

的尸体及排泄物直接或间接污染桑叶，引起传染。高温、多湿和连续饲喂湿叶，造成蚕座潮湿、蒸热，有利于病原菌的繁殖传播，会大量发生猝倒病。

【防治要点】 ①搞好蚕室、蚕具消毒，方法参考血液型脓病消毒，但石灰浆对细菌消毒效果甚差。②及时消灭桑园害虫，如有必要可用蚕用消毒净1 000倍液或保利消（主剂）250倍液等进行叶面喷洒消毒。③注意通风，保持蚕座干燥。④添食抗生素。添食抗生素对猝倒病本身无直接效果，但可以防治由猝倒菌引起的败血病，减少蚕座内的传染和环境污染，达到降低发病率的目的。

89.细菌性肠道病

【症 状】 一般表现为食欲减退，发育不齐，行动不活泼，排稀粪或污液。由于发病时间不同，还有起缩、空头、下痢等病症。临死前有吐液现象。

【病 原】 蚕在高温、多湿的环境下及食下发酵桑叶等不良条件下，蚕的生理机能失调，消化液的杀菌作用减弱，细菌在肠内大量繁殖，导致本病的发生。

【发病规律】 本病是慢性病，夏、秋蚕期发生较多，多为零星发生。

【防治要点】 ①在做好蚕室、蚕具消毒的前提下，加强贮存桑叶的管理，贮桑室要清洁卫生，不积水，定期用0.5%有效氯漂白粉或1 000倍蚕用消毒净或其他氯制剂液进行地面消毒，避免湿叶贮藏和桑叶堆积过厚。②加强饲养管理，注意蚕室、大棚通风排湿。③蚕病流行时24小时添食3次克蚕菌、克红素、菌立克、克菌灵等抗生素，对防治本病有明显效果。

群体症状

90.白僵病

【症状】 患病初期，外观与健蚕无异。病蚕死后，体躯松弛柔软，继而硬化，死后1～2天全身长出白色气生菌丝，最后从气生菌丝上生出白粉状分生孢子，覆满全身。眠前发病，则病蚕多呈半蜕皮或不蜕皮症状，有时因为出血，尸体潮湿呈污褐色，易腐。在蔟中或茧中的病死蚕，往往干瘪，或仅在节间膜处有少量的菌丝和分生孢子。蛹期发病，蛹色黯淡，胸部缩小，全身失水干瘪，在节间膜处长出气生菌丝和分生孢子。病蛾尸体则扁瘪而脆，翅足易折。

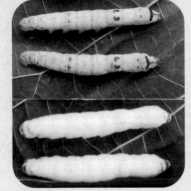

刚死蚕和长出分生孢子状

【病原】 学名*Beauveria bassiana*，称白僵菌，属丛梗孢科，白僵菌属。白僵菌的生长发育周期可分为分生孢子、营养菌丝和气生菌丝3个阶段。繁殖体为分生孢子，呈球形或卵圆形。

【发病规律】 白僵病的传染途径主要是经皮接触传染，其次是创伤传染。传染源是病蚕和患病野外昆虫尸体上的分生孢子。分生孢子质轻量多，随风飞散，附着到蚕体上，在适宜的温度、湿度条件下经6～8小时发芽侵入体内寄生。分生孢子发芽的最适温度为24℃～28℃，最适空气相对湿度在75%以上。从感染到发病死亡，小蚕期仅2～3天，大蚕期需5～6天。日系品种的感染率高于中系品种；就同一品种而言，其个体体质强弱与真菌病发生无关；小蚕和各龄起蚕易感染，随着食桑的增加和龄期的增长，感染率下降，但熟蚕和嫩蛹又易感染。

病蚕血液浑浊

103

【防治要点】 ①养蚕前做好蚕室、蚕具及蚕室周围环境的消毒。②从收蚁起，各龄饷食前、盛食期和5龄隔日撒1次防病1号或甲醛草木灰或氯消散等防僵药剂，上蔟当日上午再撒1次。亦可添食克红素或进行蝇僵灵喷体。③一旦发生白僵病，每天撒防僵药剂1~2次。④僵蚕烧毁。⑤及时防除桑园害虫。

白僵菌与细菌性败血病菌混合感染

91. 黄僵病

【症 状】 黄僵病与白僵病不易区分，过去常将黄僵病混为白僵病。黄僵病病蚕身上有时出现小的或大的黑褐色病斑，病蚕死后，体色渐渐现淡红色。1~2天后尸体上长出束状白色气生菌丝，菌丝比白僵菌长，覆盖尸体的分生孢子呈白略带淡黄色。蛹期发病死亡的，尸体上常常形成很多长而突出的菌丝束。蔟中和茧中的病蚕尸体通常干涸缩小呈黑色。高温时期发病，其尸体往往发黑而腐烂。

本病从患病到死亡经过的时间较白僵病长，1~4龄感染的，往往到下一龄期才发病死亡，5龄期感染的，要到上蔟时甚至在茧中才死亡。

【病 原】 学名*Lsaria farinosa*，称黄僵菌。该菌的形态、发育周期与白僵菌相似。

【发病规律】 黄僵病的传染途径及病菌的发育条件同白僵病，但病菌的致病性较白僵菌和绿僵菌弱，

黄僵病蚕尸体呈淡红色

蚕体上的分生孢子在适宜的温度、湿度下，需经15～30小时才能发芽侵入蚕体。然而被黄僵菌感染患病的野外昆虫较多，包括鳞翅目、鞘翅目、半翅目、膜翅目、同翅目和直翅目等的200余种昆虫，寄主十分广泛，故家蚕的发病频率仍然很高。其他影响发病的因素与白僵病相同。

【防治要点】 同白僵病。但因感染本病的野外昆虫多，故做好桑园除虫工作尤为重要。

长满白色微黄的分生孢子

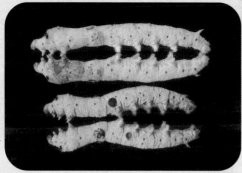

白僵病蚕（上）与黄僵病蚕（下）尸体颜色比较

92.绿 僵 病

【症 状】 蚕在患病初期和中期都无明显症状，到后期则食桑减少和行动呆滞，有的出现黑褐色且边缘色深中间色淡的不规则形斑或云纹状斑。刚死时尸体伸直，较软，渐次硬化。死后2～3天长出较短的白色气生菌丝，再经6～10天长出绿色分生孢子，布满全身。将眠蚕发病，则不能入眠，体色乳白发亮。蛹期发病类似于白僵病。

病蚕血液浑浊，但不呈乳白色。

【病 原】 学名*Nomuraea rileyi* Farlow，称莱氏蛾霉，俗称绿僵菌，属丛梗孢科，蛾霉属。

【发病规律】 绿僵病潜伏期长，病程慢，一般从分生孢子侵入到发病死亡需7～10天。绿僵病在相对低温和多湿的环境及

尸体布满绿色分生孢子

稚蚕期易感染，晚秋蚕和中秋蚕较春、夏蚕发病多，山东等北方蚕区发病比例高于南方蚕区。其他影响发病的因素与白僵病相似。

【防治要点】 参照白僵病。

93. 曲霉病及黑尾症

【症　状】 曲霉病在1、2龄蚕期最易发生，发病时，往往在未察觉病症时即死去。病程2～3天。死后半天在尸体表面长出白色茸毛状菌丝，再过半天长出黄绿色的曲霉菌菌落，死蚕呈绒球状。3龄后发病较少，常为零星发生，病程3～4天，病蚕多在肛门或节间膜附近出现不规则形黑褐色大病斑，并有粪结、排连珠状粪和不蜕皮等症状，死后手触病斑部位有硬块感，其他部位则软化发黑腐烂。尸体经1～2天在病斑处长出气生菌丝及分生孢子。蛹期发病，常头胸及翅芽发暗，俗称"黑头蛹"，逐渐干瘪、僵硬，后在节间膜和气门处长出气生菌丝和褐、绿色的分生孢子。

近年江苏、山东、河南等蚕区，蚕在4～5龄期常发生一种粪结、黑尾的症状，俗称"黑尾病"，它主要是由曲霉菌在蚕的尾部寄生引起的。

在蚕种保护中，如遇高温、多湿环境，卵面易受曲霉菌寄生而成霉死卵。

【病　原】 黄曲霉学名 *Aspergillus flarus*，米曲霉学名 *Aspergillus oryzae*，均属

1龄蚕曲霉病

106

半知菌类，丛梗孢目，丛梗孢科，曲霉菌属。

【发病规律】 传染途径为经皮接触传染。附着在蚕体上的分生孢子，经10～16小时萌发侵入蚕体成为营养菌丝，营养菌丝不产生芽生孢子，仅在侵入部位旺盛生长。曲霉菌发育的最适温度为30℃～35℃，最适空气相对湿度为100%。蚁蚕、稚蚕期及熟蚕最易感染发病。

【防治要点】 参照其他真菌病。①因曲霉菌腐生性强，在竹、木器材，纸张，畜禽饲料和蚕粪上都能繁殖，在自然界分布广，因此要做好1、2龄期的蚕体、蚕座消毒工作。蚕具药物消毒后，要晒干后再用，防止

4龄蚕曲霉病

发霉。②黑尾病的防治，宜用亚迪蚕保等进行蚕体、蚕座消毒，一般于起蚕、龄中和眠蚕时各撒消毒粉1次，发病严重时每天用药1次。

曲霉蛹

黑头蛹（上）、黑尾症（下）

107

94.蚕的其他真菌病

除上述4种生产上危害重的真菌病外，还有灰僵病、黑僵病、赤僵病、镰刀菌病、酵母菌病和草僵病等。

【症　状】　①灰僵病症状：蚕死后1～2天出现气生菌丝产生白色分生孢子(此期很像白僵病)，数日后分生孢子集落转变成淡紫灰色。②黑僵病症状：蚕1、2龄死后尸体卷缩似中毒状，4、5龄尸体呈现蜡黄色，产生墨绿色分生孢子。③赤僵病症状：蚕死后尸体表面出现棉花状气生菌丝，1～2日后出现淡红色分生孢子。④镰刀菌病症状：蚕死亡前在肛门处或腹部出现褐色病斑，有粪结症状，吐出较多的消化液，死时头胸伸出，死后病斑部位稍稍发硬，并长出稀疏的气生菌丝，其他部位腐烂发黑。⑤酵菌病症状：蚕体液浑

灰僵病

黑僵病

赤僵病

浊呈粉红色，透视蚕体亦呈
粉红色，死后尸体腐烂变黑
色。⑥草僵病症状：蚕多数
在蔟中死亡，尸体僵硬，呈土
黄色，在多湿状态下，表面长
出多根菌丝束，上面着生分
生孢子。

镰刀菌病

【病　原】　灰僵菌学名 *Spicaria* sp. 分生孢子长卵圆形；黑僵
菌学名 *Metarhizium unisopllae*，即金龟子绿僵菌，分生孢子墨绿
色；赤僵菌学名 *Lsaria fumosorosea* Wize，分生孢子淡红色；镰
刀菌病是由几种赤霉菌属真菌寄生引起的，如串珠状镰刀菌，学
名 *Fusarium moniliforme*，本色镰刀菌，学名 *Fusarium concolor*
等，分生孢子近镰刀形，呈粉红色，镰刀菌在蚕体内不形成芽生
孢子。酵菌病是由几种酵母菌通过创伤传染引起。草僵病菌学名
Hirsutella patouillard，为多毛属真菌。

【发病规律】　参见白僵病。

【防治方法】　同白僵病和曲霉病。

酵菌病

草僵病

95.微粒子病

【症 状】 该病是慢性传染病。①蚕期病症:一是细小蚕。收蚁后数天不疏毛,蚕体瘦小,发育缓慢,体色暗褐,这种病主要是胚种传染。二是斑点蚕。大蚕期病蚕在腹部、腹脚等处出现许多小黑点。三是半蜕皮、不蜕皮及封口蚕。四是不结茧蚕。②蛹期病症:病蛹反应迟钝皮色发暗,也有的体壁上出现黑斑。③蛾期病症:往往出现翅展不良、翅上有黑斑、鳞毛脱落和交尾能力差等症状。

对落小蚕、迟眠蚕、病蛹、病蛾进行显微镜检查,若发现有微粒子孢子,可确定为本病。在大蚕期发病的,可用肉眼观察绢丝腺上有无白色脓疱状病斑,有者可确诊为本病。

【病 原】 学名*Nosema bombycis* Naegeli,家蚕微孢子虫,属原生动物门,微孢子虫目,微粒子科,微粒子属。成熟孢子为长卵圆形,在显微镜下呈浅绿色,有明亮折光。

【发病规律】 家蚕微粒子的一生,经过孢子发芽、营养繁殖、孢子形成3个时期。孢子是休眠阶段,微粒子病的发生主要是由孢子的传染引起。其传染途径有胚种传染和食下传染。食下传染是经桑叶传染和经卵壳传染;胚种传染是染病雌蚕体内的病原寄生于蛾卵胚胎,使下一代蚕发病。胚种传染的蚁蚕,严重者当龄死亡,轻度感染者能拖至4龄前甚至4龄后发病。经卵壳传染或1~2龄经桑叶感染的蚕,若食下的微粒子少,可4龄后发病,多出现不眠蚕、半蜕皮蚕或起缩蚕,能上蔟者往往在蔟中死亡或结薄皮茧。大蚕感染微粒子病,大多能正常发育和产卵,但在母蛾中能检出微粒子孢子。

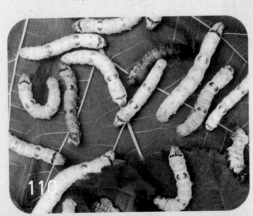

病蚕群体症状(一)

【防治要点】 ①使用合格蚕种。②在充分做好清洁卫生工作后进行常规消毒。③做好桑园治虫工作。

病蚕群体症状（二）

不蜕皮蚕

胡椒斑蚕

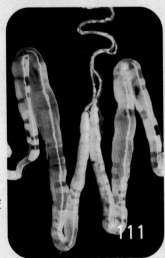

病蚕绢丝腺病变

焦尾、病斑

111

96.蝇蛆病

【症　状】　蚕从3龄起至5龄上蔟均可被蝇蛆寄生。寄生后，明显的症状是寄生部位出现1个大病斑。病斑是由于幼蛆对蚕体组织的破坏而引起蚕的防御反应，由体液与伤口附近的新增生组织形成的喇叭形鞘套。

【病　原】　学名*Exorista xorbillans* Wiedemann，家蚕追寄蝇，俗称多化性蚕蛆蝇，属双翅目，寄生蝇科，追寄蝇属。

【发病规律】　蚕在4、5龄期受害重。华东地区夏、秋蚕发生多，春、晚秋蚕相对少些；华南地区2~6造蚕发病率高，头尾造危害较轻。产在蚕体上的卵，经1.5~2天孵化成蛆。寄生在4龄蚕体内的蛆发育慢，寄生时间达6~7天；寄生在5龄蚕体内的蛆发育快，5龄初寄生的多在上蔟前脱出，在5龄中后期被寄生的蚕能上蔟结茧，蛆在茧内脱出，形成蛆孔茧。

【防治要点】　①蚕室（大棚）要安装纱门、纱窗防蝇。②灭蚕蝇、蝇僵灵喷体是防治本病的有效方法，施药时间是4龄第三天，5龄的2、4、6天及上蔟当日的上午。

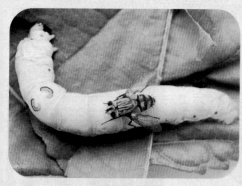

多化性蚕蛆蝇在蚕体上产卵

被害蚕身上的病斑

蝇蛆病蚕的少见症状

蝇蛆、蛹及蛆孔茧

97. 蒲 螨 病

【症 状】 该病是螨类寄生于蚕、蛹、蛾身上，注入毒素，吸取体液而引起中毒死亡的一种急性病，俗称壁虱病。小蚕被害病势急，停止食桑，静伏于蚕座中，口器与胸足微微颤动，体色渐渐变暗，很快死亡，尸体不腐烂。壮蚕被害死亡较慢。起蚕时受害呈"起缩"状，有脱肛现象；盛食期被害，体躯软化，有的节间膜处有黑斑，排不规则形粪或连珠状粪，脱肛现象较多，尸体呈半干瘪状态；眠期受害，头胸部不时阵阵左右摆动，吐液，有的不能蜕皮呈黑褐色而死亡，有的呈半蜕皮而死亡。

　　因蒲螨体躯小，本病较难诊断，可把蚕连同残桑放在深色的纸上，抖动数下，拿走蚕和残桑，观察纸上是否有针尖大小淡黄色纺锤形的小螨在爬动。

【病　原】　学名*Pyemotes Ventricosus* Newport，球腹蒲螨，属珠形纲，蜱螨目，恙螨亚目，蒲螨科。

【发病规律】　由于蒲螨的寄主很广，凡盛放过棉花、小麦、麦秸、麦糠及其他禾谷类粮食和秸秆的蚕室、蚕具均易诱发该病。该病春、夏、中秋蚕发生较多，晚秋蚕极少发生。

【防治要点】　①蚕室、蚕具和周围环境不得堆放棉花和粮草。万一堆放了棉花和粮草的蚕室、蚕具，要结合蚕室、蚕具消毒一并进行杀螨：蚕具用75℃以上的热水烫1分钟，或浸没在冷水中2～3天，然后曝晒并进行药物消毒；蚕室清扫并用泥灰涂抹缝隙后，用三氯杀螨醇500倍液等杀螨剂喷洒（不能直接接触蚕体），或用杀虫灵按3～4克/立方米熏烟杀螨。②蚕期中发现蒲螨病时，用杀虫灵熏烟，隔1天熏1次，连熏2～3次。也可在蚕体上喷洒灭蚕蝇驱螨，1龄用1000倍液，2龄500倍液，3龄以后用300倍液，喷药后立即除沙，更换蚕室蚕具。

上图自左至右分别为放大的雄螨、雌螨和大肚雌螨。下图为大肚雌螨腹面再放大。

一眠蚕被寄生状

蚕5龄期受害状

98. 农药中毒

【症 状】 ①有机磷农药中毒。如敌敌畏、久效磷等，先是头胸昂起，向四周乱爬，不断摆动、翻滚，口吐胃液污染全身，腹部后端及尾部缩短，继而侧倒，头部伸出，胸部膨大，经10多分钟到数十分钟死亡。②拟除虫菊酯类杀虫剂中毒。表现为吐液，后退，翻身打滚，体躯向背面、腹面弯曲十分严重，甚至卷曲呈螺丝状，最后大量吐液，脱肛死亡。③蚕的微量慢性农药中毒常产生不结茧蚕。

【病 因】 大多是农药污染桑叶所致。农药一般都具有胃毒、触杀等作用，其机制多是农药中的有效成分抑制蚕的乙酰胆碱酯酶的活性，导致神经传导冲动而中毒。

【发病规律】 农药对蚕的为害与农药种类及进入蚕体内的数量有直接关系。当药量超过最低致死量时即表现为急性中毒，很快死亡；微量中毒时无明显症状，但发育稍缓慢，影响结茧和产卵。

【防治要点】 ①大田使用农药要注意风向，严防农药污染桑叶。②发现农药中毒后，迅速查明毒源，切断毒源，蚕室开窗换气，及时加网除沙，喂新鲜无毒桑叶。有机磷农药中毒蚕，可用解磷啶、硫酸阿托品等水溶液喷体或淘洗，杀虫双中毒轻者可用盐酸肾上腺素液洗蚕。

有机磷农药中毒

拟除虫菊酯类农药中毒

115

99.烟草中毒

【症 状】　中毒轻者不活动，胸部膨大，头部紧缩。中毒重者，突然停止食桑，头部和第一胸节紧缩，胸部缩短膨大，继而左右摇摆，吐液，不久死亡。

【病 因】　蚕食下被烟碱等有毒物质污染的桑叶，烟碱等有毒物质作用于蚕的神经系统，使神经系统麻痹而死亡。

【发病规律】　烟草在生长的中后期散发出较多的烟碱等有毒物质，此时距烟田100～150米内的桑园均有可能被污染。桑叶中的烟碱含量达5毫克/千克以上时，可引起急性中毒，1～3毫克/千克连续喂养时，也会慢性中毒。人在喂蚕和上蔟时吸烟，有时会导致部分蚕中毒。

【防治要点】　不在桑园周围150米内种植烟草。

初期症状

吐液

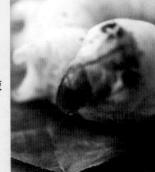

116

后期症状

100.工业废气中毒

【症　状】　工厂排出的煤烟和废气含有数百种有毒物质，引起蚕中毒的主要是氟化物和含硫氧化物，其中以氟化物危害最普遍。氟化物中毒蚕群体发育迟缓，龄期延长，大小不齐，多落小蚕，但无下痢症状，体色较深，有时可找到环节间膜高起的高节蚕及节间呈带状黑斑（如虎斑状）的斑蚕，高节处及黑斑处体壁易破，但血液澄清。采取所用桑叶样本，烘干后用离子计测定桑叶的含氟量，如含氟量超过 30 毫克／千克，即可确诊为氟化物中毒。

【病　因】　生理病害。

【发病规律】　有毒物质主要来源于冶金、化工、火力发电、建筑材料等生产过程中排入大气的废气。氟化物对桑的污染毒害

氟化物中毒蚕
群体症状

方式主要是氟化物气体直接从桑叶气孔进入桑叶组织，其次是带有氟化物的粉尘吸附在桑叶叶面。含硫氧化物中以SO_2污染最重，SO_2通过气孔进入桑叶组织后，被叶肉吸收，使桑叶和蚕受害。蚕食用氟化物和硫化物的污染叶，毒物大部分积蓄在消化管和皮肤组织里，引起生理障碍，导致蚕体逐渐衰弱而死。

【防治要点】　①新建桑园要远离有污染的工厂。②在污染桑园建设喷灌设施，对桑叶喷淋能降低桑叶的含氟量。③饲养抗氟性强的蚕品种。④污染叶减毒法：用0.5%～1%的石灰水在桑树上喷淋桑叶的正、反两面，每6～7天喷1次；采回的桑叶用清水浸洗，晾干后喂蚕。以上两法能明显减轻毒物的危害程度。

硫化物中毒蚕群体症状